NATIONAL GEOGRAPHIC

国家地理图解万物大百科

无脊椎动物

西班牙 Sol90 公司　编著　　　张辰亮　译

江苏凤凰科学技术出版社 · 南京

目 录

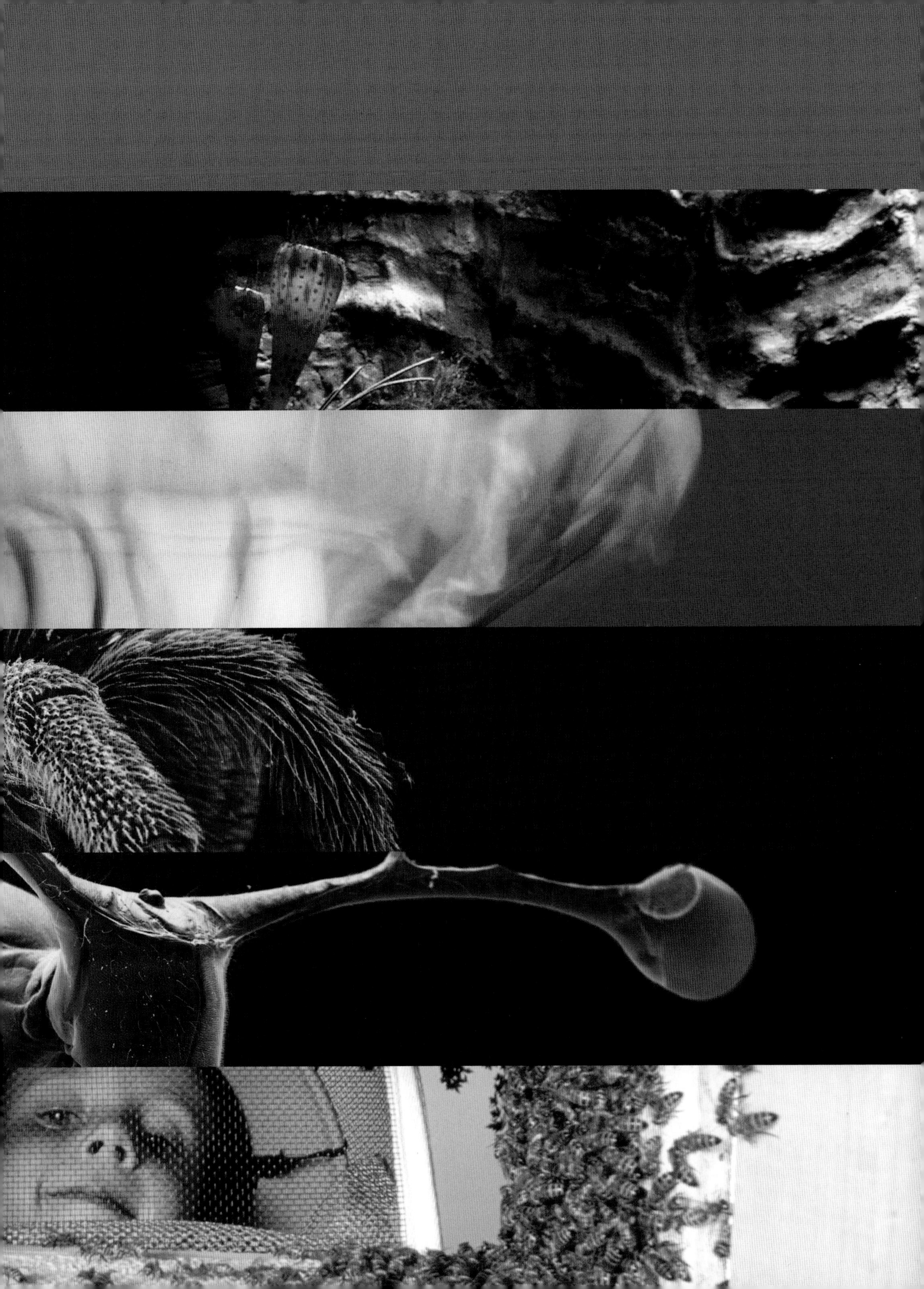

人工蜂箱
活动式的框架结构便于养蜂人从每个蜂房里收集蜂蜜和蜂蜡。

精致的小生命

无脊椎动物是地球上已知诞生最早、现存数量最多的动物。它们当中有一些身体很柔软，如蠕虫、海葵和水母；也有一些身体很坚硬，如昆虫和甲壳动物。有些无脊椎动物生活在水中并可以自由游动，如水母；也有一些相对固定地在某处生活，如珊瑚和海葵。人类已知的动物有 150 多万种，这些无脊椎动物约占据 95 %，它们拥有千奇百怪的形态和习性。

蜜蜂是对人类影响巨大的昆虫之一，它们能把花里的花蜜加工成一种被人类用作甜味剂和营养素的糖汁——蜂蜜。蜂蜜的主要营养成分是单糖，它可以直接被人体吸收，这一特点使蜂蜜可以作为人类的一种能量来源。除了直接食用外，蜂蜜也可以用作甜点和甜味饮料的配料。和蜜蜂一样，黄蜂也在生态系统中扮演了一个基础性角色，很多植物依靠它们来传播花粉。如果没有这些昆虫，世界上就不会有那么多可供食用的水果和蔬菜。

在这本书里，我们将展示蜂巢内部的工作情况。蜜蜂和其他昆虫的区别之一就是它们拥有组织严密的社会分工。要知道，每个蜂箱里有数万名“居民”，必须想个办法来维持秩序，而蜜蜂本能地知道如何做到这一点。蜂后、雄蜂和工蜂都了解自己的角色，在各自工作岗位上尽职尽责，它们甚至会拼死保护自己的家园。与蚂蚁一样，它们都是纪律与生产力的模范代表。昆虫世界最引人注目的是其演化程度，它们是动物界演化较为成功的类群之一。它们生活在地球的每一个角落，靠少量的食物就能生存，高超的运动方式可以帮助它们逃避天敌。所有的昆虫都有节肢和用于保护自己的外骨骼。在本书中，你还能欣赏到蝴蝶的美丽以及它们一生中经历的变化；你也将有机会通过一只苍蝇的眼睛来探索这个世界。同样有趣的还有各种各样的蜘蛛网，蜘蛛把它们用作陷阱、交配场所、移动工具和自己巢穴的覆盖物。

我们邀请你来阅读这本知识丰富的图书，它收录了关于无脊椎动物方方面面的精彩图片和有趣的知识。比如，蚊子能刺透哺乳动物的皮肤吸它们的血，但苍蝇却可以吃固体食物，因为后者的消化过程在体外就已经开始了；以鸟类和哺乳动物的血液为食的跳蚤既小又没有翅膀，但它们的跳高水平却比任何人类运动员都要强。本书还会告诉你，哪些虫子对你有好处，哪些虫子需要远离（因为它们会传播像美洲锥虫病那样的疾病）。翻开这本书，精彩的图片和详细的图解将向你展示这些地球上的小生命是如何生存、适应和发展的。阅读这本书，你将会惊喜连连、受益无穷！

起源和栖息地

最早的生命形式大约出现在40亿年前。前寒武纪时期，拥有复杂细胞结构的主要生物类群（真核生物）已经演化出现。在加拿大和澳大利亚发现的化石显示，当时的无脊椎动物身体很柔软，与现存种类的结构非常不同。动物界的成员们开始适应各种各样的环境，从深邃的海洋到峰

奇虾
奇虾是寒武纪时期三叶虫最大的天敌，其长度可超过 2 米。

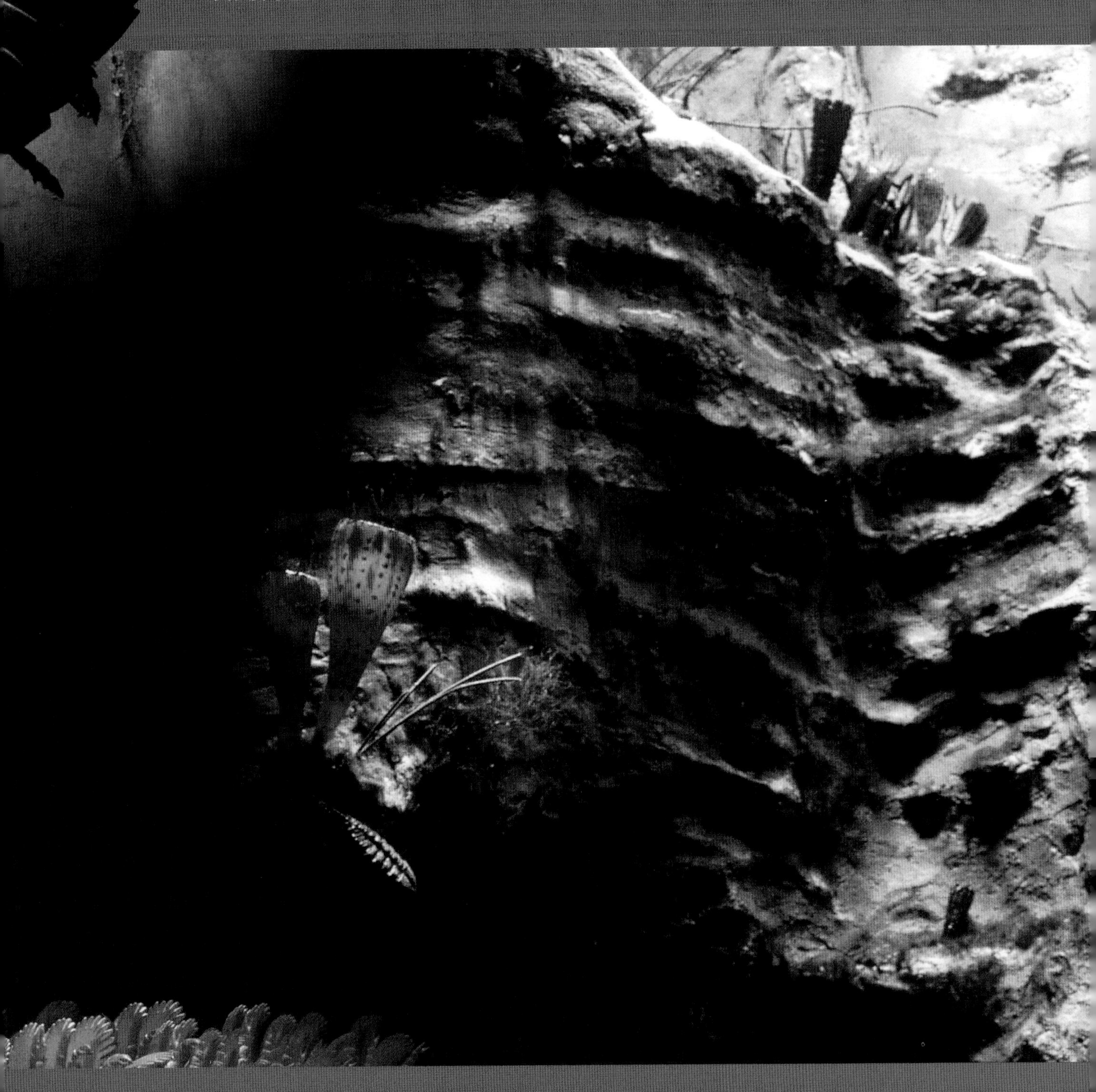

峦之巅都有它们的足迹。我们将向你展示一些古老的物种和一些现存的主要类群：海绵（多孔动物门），珊瑚、海葵和水母（刺胞动物门），贝类（软体动物门），沙蚕和蚯蚓（环节动物门），昆虫、蜘蛛、千足虫和甲壳亚门动物（节肢动物门），海星和海胆（棘皮动物门）。●

追溯远古生命

数亿年以前，我们的星球并不是现在的模样。那时候大陆板块的位置和现在不同，气候、植物和动物也和现在不同。我们靠发掘研究化石知道了这些情况，那些远古的生物遗迹保存了当时的地理和年代信息。澳大利亚南部的埃迪卡拉动物群和加拿大的布尔吉斯生物群保存了很多生物化石，为研究寒武纪生命大爆发提供了线索。●

布尔吉斯生物群

布尔吉斯生物群位于加拿大，因拥有寒武纪的生物化石层而闻名。这里的化石岩层能够让我们窥见寒武纪时期海洋生物的模样。当时的生物包括：三叶虫亚门、甲壳亚门、螯肢亚门等。

这里的化石的历史约为
5.1 亿年。

加拿大
北纬 51° 25′ 30″
西经 116° 30′ 00″
布尔吉斯生物群因拥有寒武纪的生物化石层而闻名。

埃迪卡拉动物群

埃迪卡拉动物群是古老的复杂多细胞生物化石群，它们被发现于寒武纪之前的地层中。这个地层的沉积岩中保存了各种各样的生物化石。化石显示一些动物身体柔软，几乎没有硬体骨骼。此类动物群最先在澳大利亚南部的埃迪卡拉山被发现，因此得名。

这里的化石的历史为
5.43—6 亿年。

澳大利亚
南纬 35° 15′ 00″
东经 149° 28′ 00″
人们在埃迪卡拉山首次发现了该动物群的化石。

狄更逊虫
被认为可能属于刺胞动物门（如珊瑚、水母、海葵）或环节动物门（如蚯蚓），体长可达 1.4 米。

恰尼虫
埃迪卡拉纪地层中分布广泛的化石之一，被认为与某些刺胞动物有亲缘关系。

进化

三叶虫是寒武纪化石动物中著名的种类之一，它们在寒武纪生命大爆发时出现在地球上。化石记录显示，这个时期地球上的生命形态突然呈爆发式增长。从此之后，生命再也没有出现过如此颠覆性的事件，在那时，几乎现今所有生物的祖先都已经进化出来了。

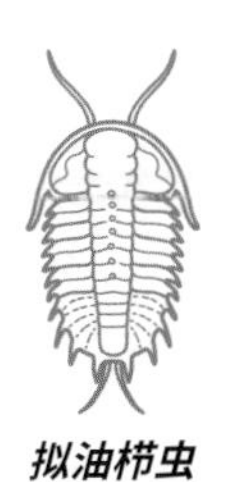
拟油栉虫

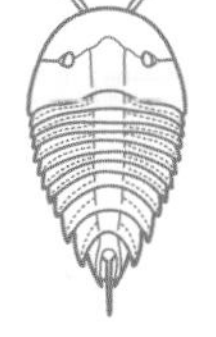
海怪虫

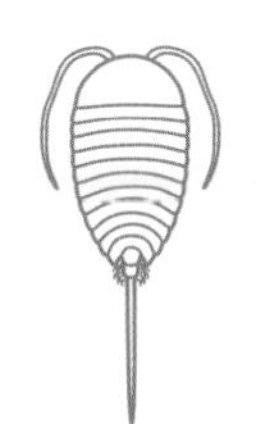
翡翠湖虫

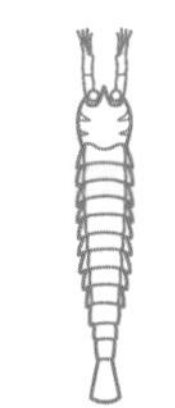
约霍伊虫

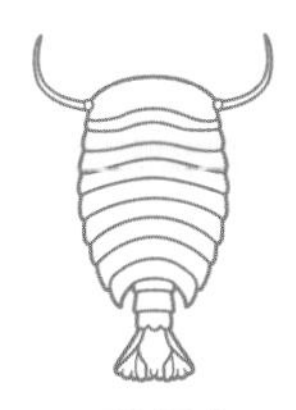
西德妮虫

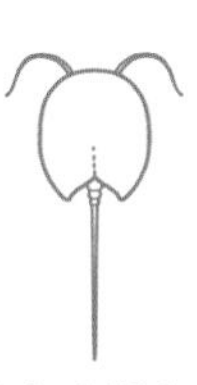
布尔吉斯虫

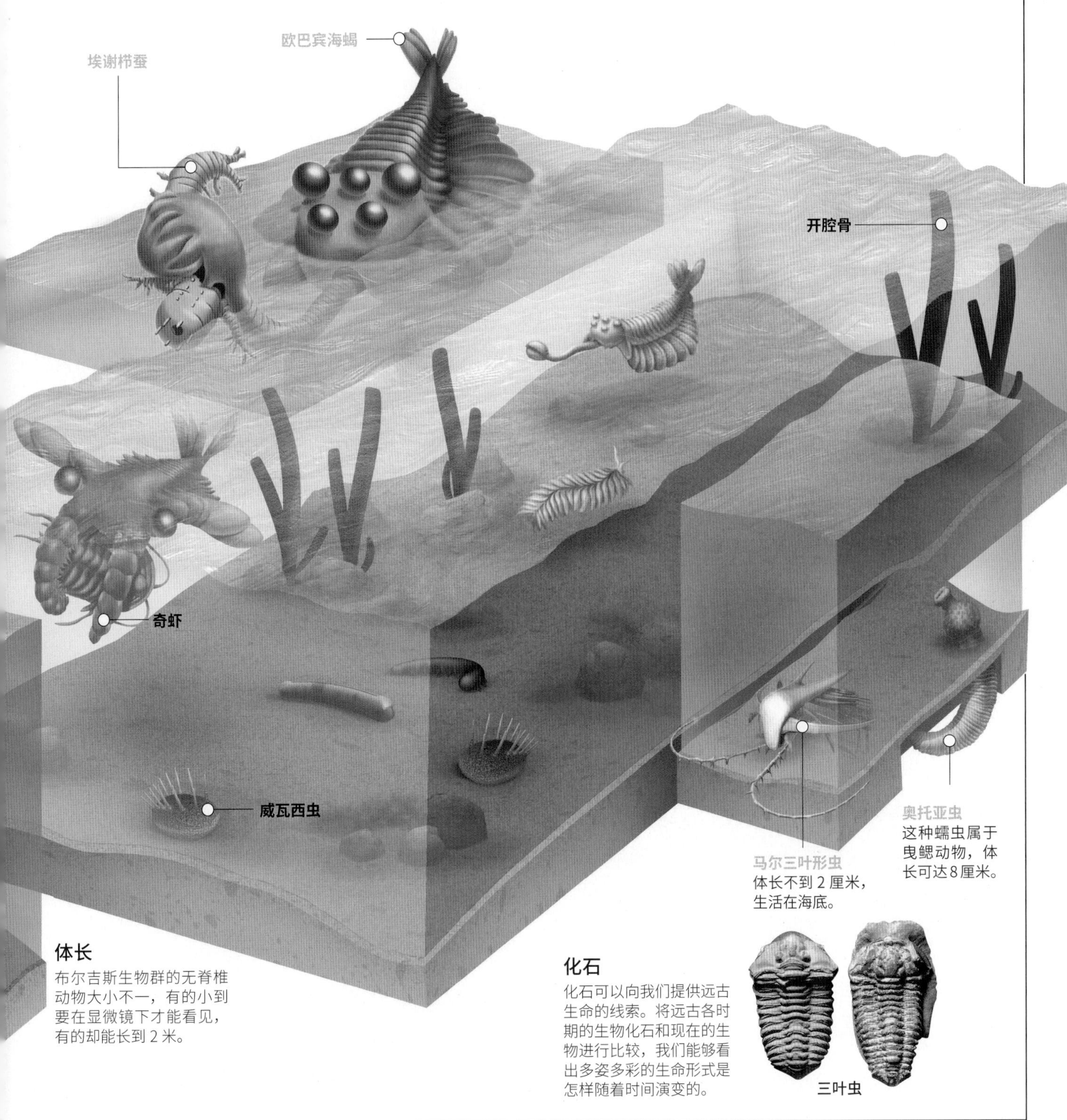

体长

布尔吉斯生物群的无脊椎动物大小不一，有的小到要在显微镜下才能看见，有的却能长到 2 米。

化石

化石可以向我们提供远古生命的线索。将远古各时期的生物化石和现在的生物进行比较，我们能够看出多姿多彩的生命形式是怎样随着时间演变的。

三叶虫

凝固在时光中

化石保留了各种古生物的信息。生物的骨骼、脚印及其他遗迹都可以变成化石，还有许多动物会被困在某些植物分泌的汁液中，当这些黏稠的物质石化后，就成了琥珀。琥珀对于研究地球生物多样性的演化具有很大的意义。●

价值

人们把包含着数百万年前动物的琥珀用来做首饰，这些首饰的价格主要取决于里面包裹的生物类型。

包含昆虫化石的琥珀
这是一块含有 3 800 万年前生物的琥珀，价值 20 多万元人民币。

节肢动物化石
正是由于琥珀的保护，这只蜘蛛才能保存得如此完美，使科学家可以把它和当今的蜘蛛种属进行精准的比较。

不同的来源

琥珀的颜色取决于分泌出它们的植物以及它们变成化石的时间和环境。琥珀通常是黄色的，但也有橙色、红色、棕色、蓝色、绿色甚至透明的品种。尽管颜色很重要，但琥珀主要还是依据出产地分类的。

矿床所在地	来源	颜色
波罗的海周边国家	始新世松杉类	
缅甸	始新世橄榄科乔木	
多米尼加	中新世豆科植物	
意大利	中新世橄榄科乔木	
罗马尼亚	中新世豆科植物	
墨西哥	中新世豆科植物	
加拿大	白垩纪松杉类	

性状与特点

琥珀原本是某些植物分泌的树脂石化而成的。随着时间的推移，它们在混有黏土的砂岩层或板岩层中变成了不规则的块状化石。琥珀团块的大小差异很大，小的长度不到1厘米，大的可达到50厘米，硬度为摩斯硬度2~2.5。琥珀由碳、氧和氢等元素构成。

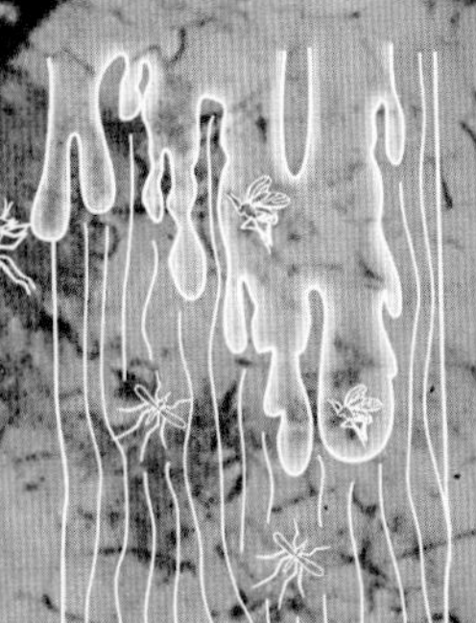

1

在白垩纪至第三纪时期，森林覆盖着广阔的地区，森林里的树木会分泌出一滴滴的树脂。

2

这些树脂积攒在树枝、树皮和树干的底部，粘住了各种各样的植物和动物（甚至包括蟾蜍），并把它们包裹于其中。

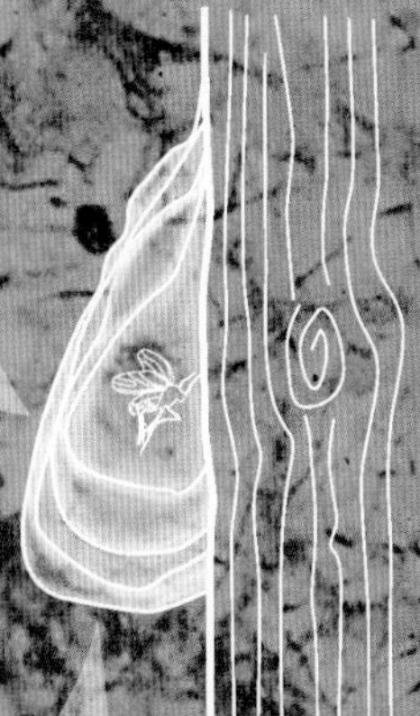

远古生命的形态

这些化石可以让我们了解到远古生命的形态和它们的生活环境，帮助我们推断数百万年前的气候，还能标记岩层的年代。我们知道，特定的动植物生长在特定的时期，它们的存在与否可以帮我们确定岩层的年代。另外，琥珀不仅保存了动植物，还保存了数百万年前的空气。

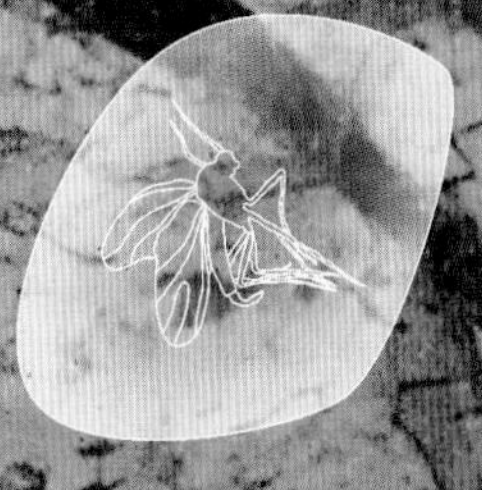

3

树脂把动物与大气隔绝，使它们的躯体免受水和空气的侵蚀。树脂一点点地硬化，形成了一个防压耐磨的保护层。随着岁月流逝，最终变成了我们今天看到的琥珀。

征服陆地

无脊椎动物演化出了适应陆生环境的呼吸方式和运动方式。于是，可以行走和飞行的昆虫占领了陆地和天空。其他无脊椎动物也渐渐适应了周围的环境，并在陆地生态系统中扮演了重要角色。●

谁吃谁？

在生态系统中，生物之间的捕食与被捕食的关系称为食物链。植物具有的光合作用能力，使其成为食物链中的生产者。而无脊椎动物作为消费者占据了食物链中的各个营养级。

最成功的无脊椎动物

鞘翅目（甲虫）是动物世界中种类最多的目，这主要是因为它们拥有坚硬的几丁质外骨骼和非常坚固的鞘翅，从而使每种甲虫都获得了足以适应其环境的硬度、韧性、质地和颜色。

人们已经发现了超过

350 000种

甲虫。

小型节肢动物

大部分陆生节肢动物都有一套气管呼吸系统，这种呼吸系统是由大量工作效率极高、可以把氧气直接送达细胞和组织的气管组成。此套系统可以让节肢动物保持较高的代谢率，但也限制了它们的体形。这也是陆生节肢动物比其他陆生动物小的原因。

大自然编的程序

陆生无脊椎动物中有一些是社会性昆虫，如蜜蜂、胡蜂和蚂蚁等，它们都属于膜翅目。蜜蜂通过舞蹈来告诉同类食物源的位置，它们之间有严格的分工。网状的社会结构对应着每个物种各自特有的行为模式。每个社会性昆虫的体内都有一套这样的模式，像电脑程序一样完美地运转着。

生命起源于海洋

无脊椎动物的多样性太复杂了，除了说它们“不是脊椎动物”，没办法用一句话来简单地定义它们。在海洋中，无脊椎动物的多样性是最显而易见的。大约40亿年前，地球上的第一个生命就出现在了海洋中。如今，海洋里的生物多样性仍比任何环境中的都要丰富。有的海洋生命形式特别简单，简单到没法自我移动；有的则拥有高度的智力和技能，比如某些头足纲动物。●

一个没有昆虫的世界

节肢动物是地球上最繁盛的动物种群。但正如昆虫纲动物统治了陆地那样，甲壳亚门动物统治了海洋，它们用鳃呼吸，有的个体很小，如磷虾。不过，大部分甲壳动物都比昆虫大，主要因为它们没有昆虫那样复杂而耗能的变态发育过程。

31 000余种

这是已知的甲壳亚门动物的种数，它们绝大部分生活在海洋里。

鹿角珊瑚（*Acropora* sp.）
珊瑚礁是数千种海洋生物的栖息地，它们组成了一套独特的生态系统。

超级大家伙

在水中，由于重力的影响大大减小，海洋里的无脊椎动物可以长得十分巨大。巨型章鱼和巨型鱿鱼之类的软体动物因为身上没有坚硬的结构和关节，所以离开水面就很难移动，甚至不能支撑自己，更别说捕猎了。这也许就是陆地上没有发现如此之大的无脊椎动物的原因。

欧洲对虾（*Penaeus kerathurus*）

美洲螯龙虾（*Homarus americanus*）

南极磷虾（*Euphausia superba*）

白斑乌贼（*Sepia latimanus*）

独特的形状

有些海洋生物如水母和海葵的结构很简单，而海胆、海星等的就复杂一些。但是，所有这些动物的身体都是辐射对称的，和左右对称的动物不同，辐射对称的动物主要存在海洋中。

辐射对称

媒介和物质

鳃可以让氧气从水中直接进入动物的循环系统，细小的鳃叶可以使动物与周围的水交换气体。有些没有消化道的简单生物还能通过鳃从水中吸收其他物质和微量元素。

热闹的淡水世界

在江河、湖泊、池塘和沼泽中，许多无脊椎动物适应了水中的生活。但其中一些的祖先本来不是生活在水里的动物，例如水生甲虫，不是用鳃呼吸的，而是像生活在陆地上的昆虫一样用气孔呼吸，这就意味着它们必须到水面上去呼吸，或在体表保存一层空气膜。甲壳动物拥有一种机能，来保证体内的盐分不会在淡水中流失。通过这些适应性特征，无脊椎动物使看似平静的水面变成了激烈的生存竞争的舞台。

一种昆虫，两种环境

许多在陆地和空中生活的昆虫却把卵产在水里。孵化后的幼虫在水中成长发育。它们不但在各发育阶段的生活环境不同，而且在不同阶段的食性、呼吸方式也不同，这避免了成虫和幼虫争夺同一种食物的可能。

水边的小天地

水中、水面和岸边是无脊椎动物激烈竞争的战场，大部分水生昆虫生活在这些区域。

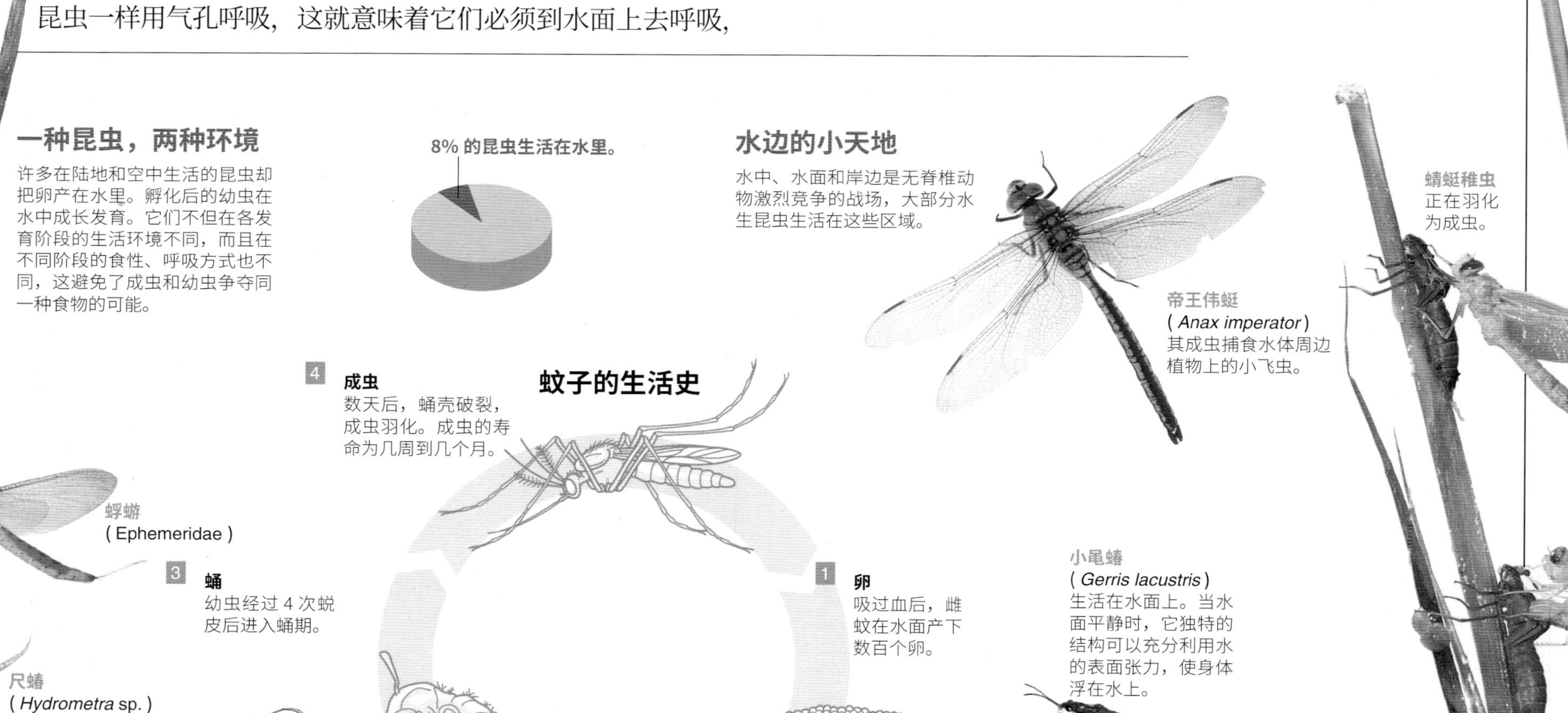

淡水生活

海洋无脊椎动物生活在水盐渗透压平衡的环境中，而生活在河口处或其他咸淡水交界处的广盐性无脊椎动物，必须设法保持体内盐浓度的恒定。即使水中盐度发生变化，它们也要维持体内的盐度不变。在淡水中，由于盐度很低，甲壳动物建立了一套能够排出多余的水、主动从环境中吸收盐分的机制，但这个过程是需要消耗能量的。所以，淡水甲壳动物会排尿，而海水甲壳动物不会。

适应水下生活

有些无脊椎动物是通过呼吸管或气管进行呼吸的。由于在水下无法使用呼吸管或气管呼吸，这些无脊椎动物都拥有一套从空气中储存氧气的方法。

靠别人生活

有些无脊椎生物属于寄生虫，它们不会自己捕捉食物，而是通过依靠另一个物种来生存。虽然它们依赖其他动物，但不会对寄主有太大的伤害。否则，把寄主害死了，寄生虫就得去找新的寄主了。

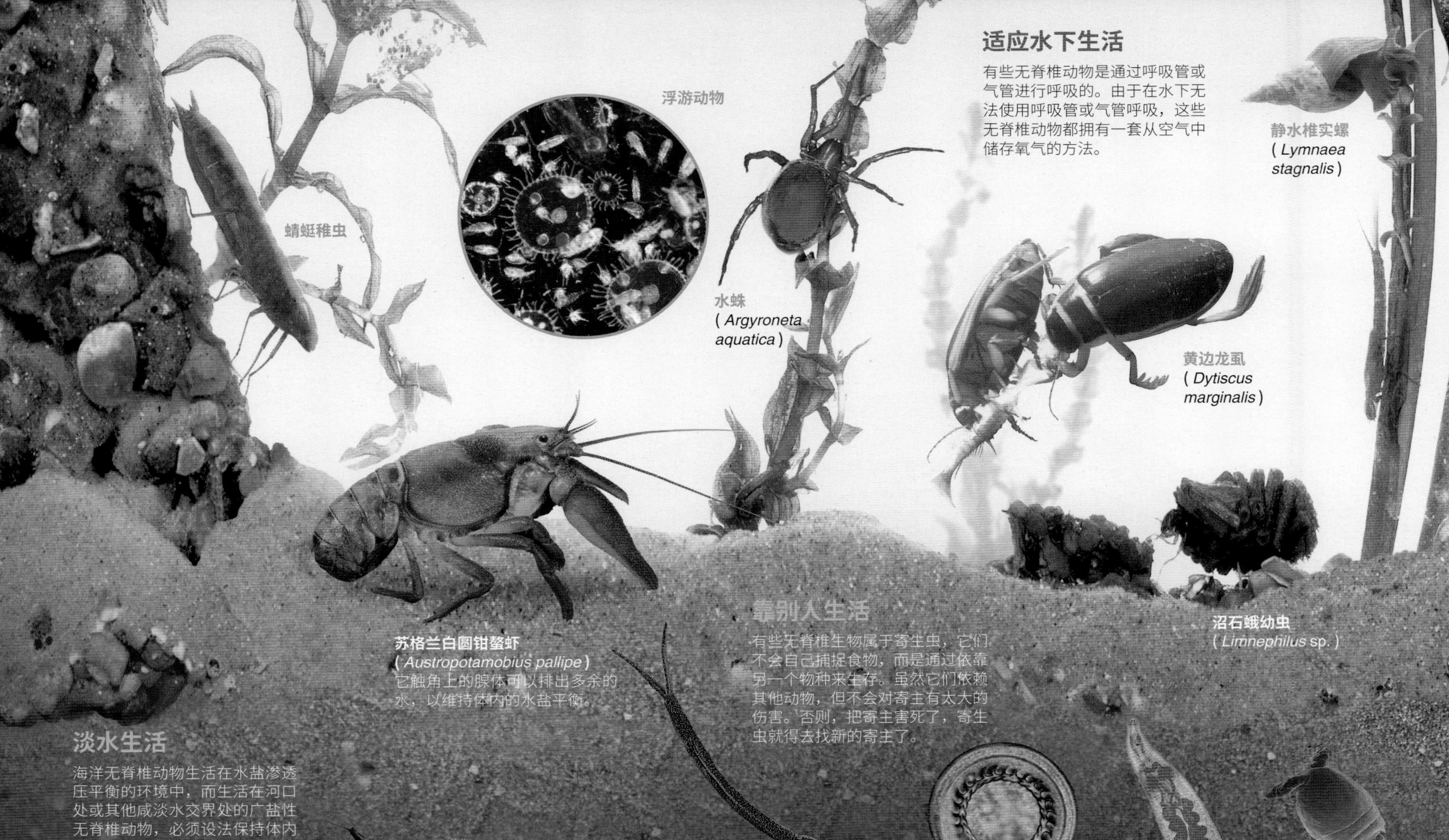

简单的生命形式

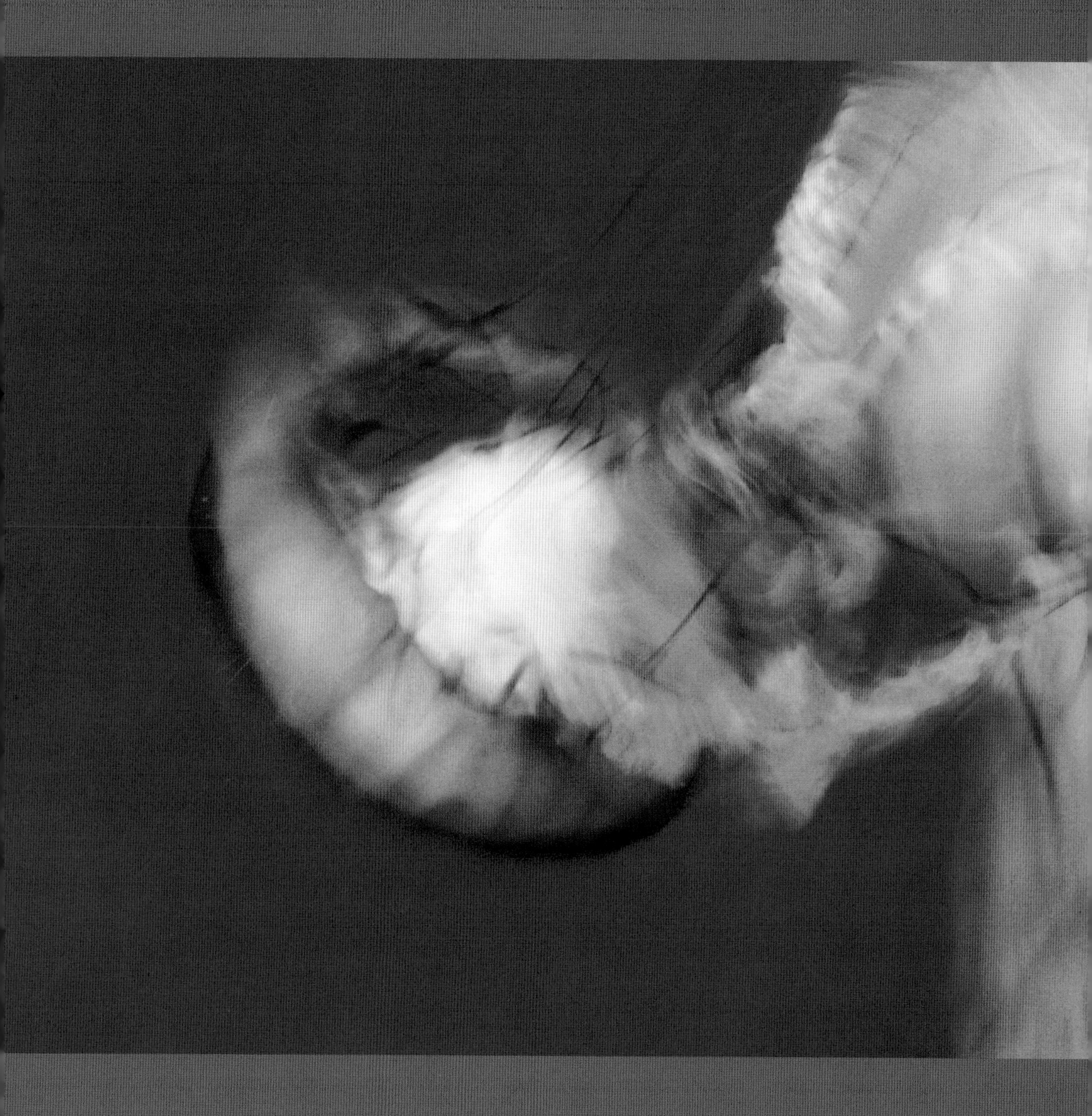

尽管海绵、水母、海葵的样子很像蔬菜，但它们却属于动物王国。在这些简单的无脊椎动物中，许多种类是无法自由地从一个地方移动到另一个地方的，其中有些甚至缺乏某些组织或完整的呼吸道、消化系统。一些更高级的物种是可以移动的，有些甚至成为海洋中娴熟的掠

简单的水母

水母是一种结构非常简单的动物，全身呈凝胶状，没有呼吸系统、排泄系统，随着洋流四处飘荡。

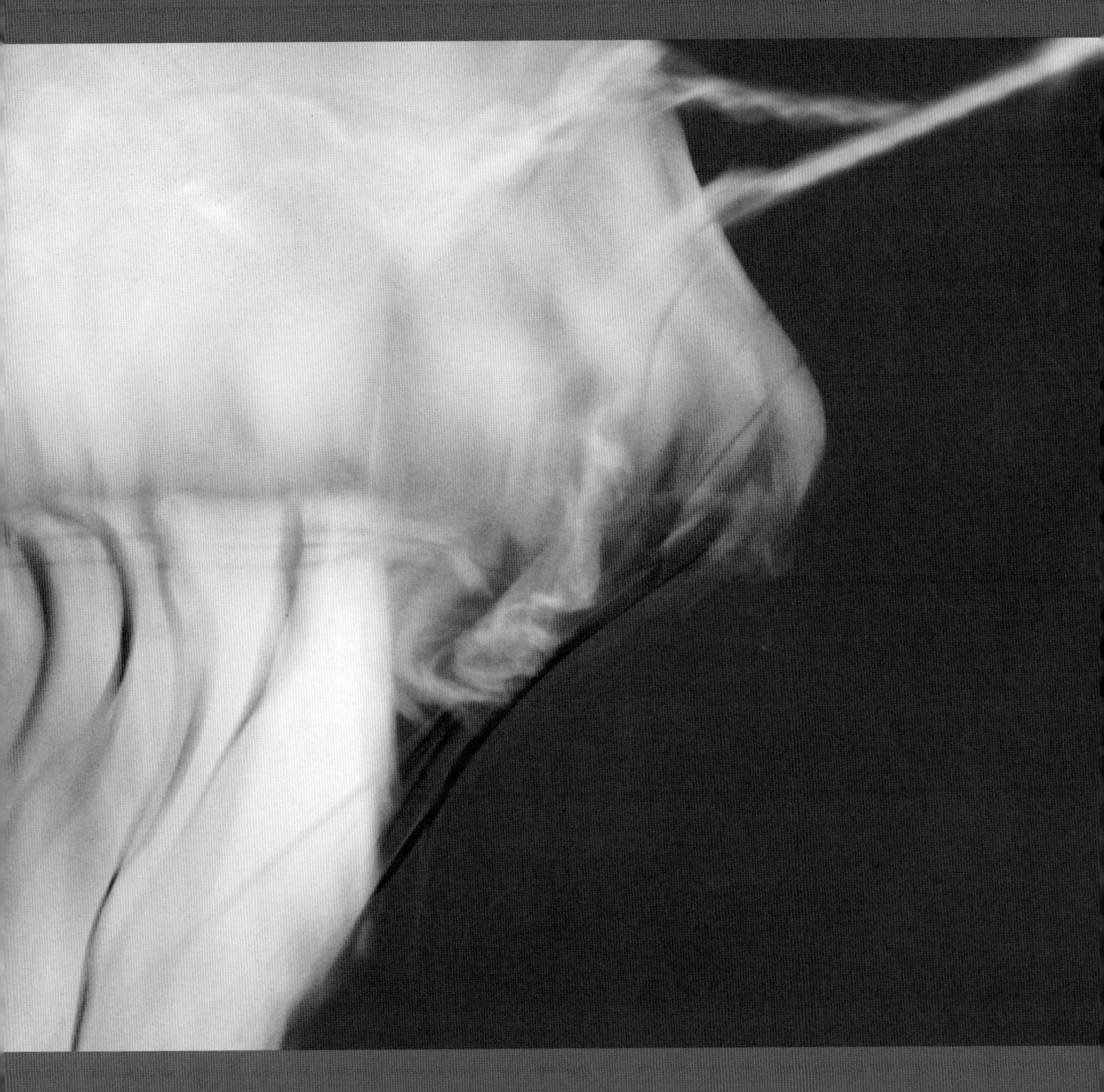

食者，如鱿鱼和章鱼。头足纲动物是进化程度最高的软体动物，它们的头上长有高度发达的眼睛，拥有一个有一对角质颚的口和布满吸盘、用来捕捉猎物的触手。一些头足纲动物住在深海水域，而另一些则在岸边生活。●

辐射对称

地球上的很多无脊椎动物生活在海洋里，其中一些（如水螅和水母）的身体构造围着一条中心轴，呈辐射对称状。海星是典型的棘皮动物，它有很多小而灵活的管状腕足，像车轮的辐条一样长在身体上，海星依靠它们抓住物体的表面进行移动。海绵是一类非常简单的多细胞动物，身体上布满了用来取食的小孔。●

辐射对称

身体各部分像自行车辐条一样围绕着一个中心轴生长。如果用一把刀经过中心轴把身体切成两半，每一半身体就像镜像一样。

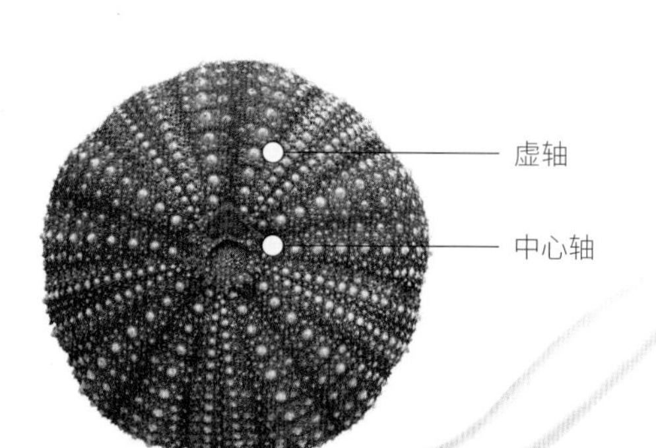

棘皮动物门

海百合、海参、海胆和海星都属于这个门。棘皮动物拥有由钙化骨片组成的内骨骼，以及由排列着管足的步带沟组成的运动系统。大部分棘皮动物内骨骼的小骨片是由皮肤和肌肉连接在一起的。

棘皮动物
就是皮肤上长满刺棘的动物。

棘皮动物家族

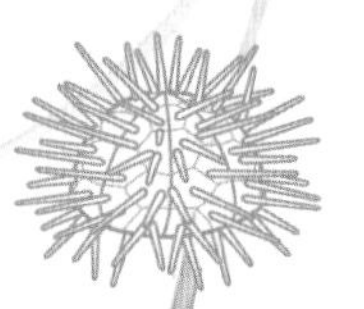

海胆纲
海胆

海星纲
海星

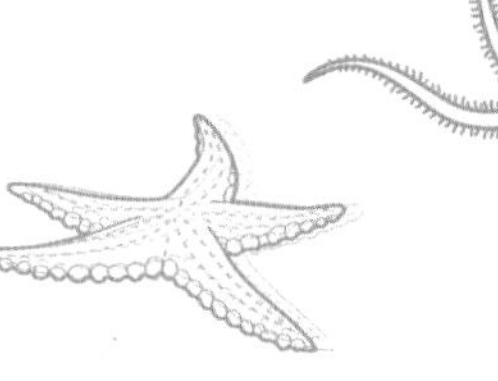

蛇尾纲
海蛇尾

海百合纲
海百合

海参纲
海参

约有
6 000个
现存种和 20 000 个灭绝种。

刺胞动物门

包括水母、水螅、海葵和珊瑚，它们长有一些用来捕猎和自卫的特殊的刺细胞。刺胞动物的两种基本形态是水螅型和水母型。

夜光游水母 (*Pelagia noctiluca*)

分类

水螅纲（包括水螅等）**珊瑚纲**（包括各种海葵、珊瑚）**钵水母纲**（包括海蜇、海月水母等）

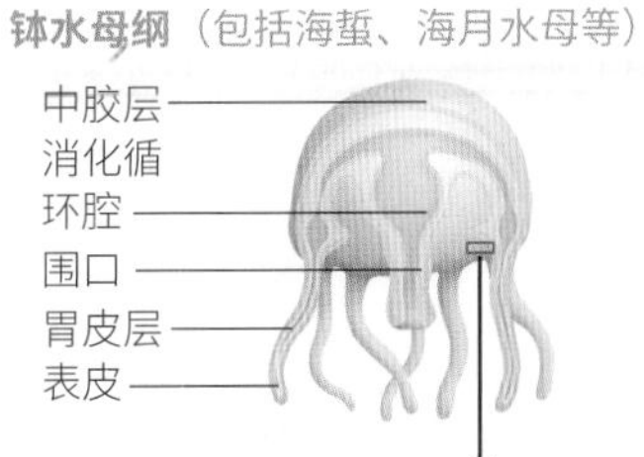

刺细胞
用于捕食和自卫。

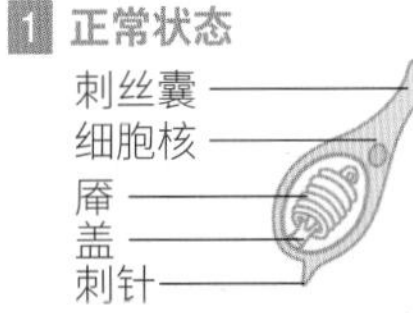

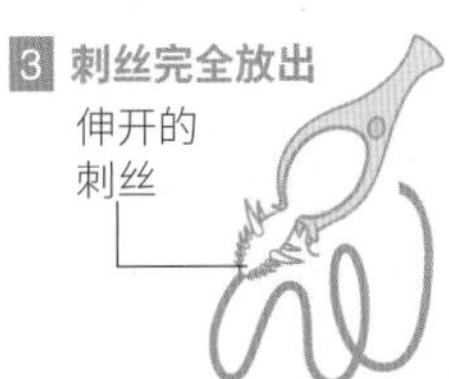

繁殖过程

1 配子期 成年水母通过减数分裂产生精子和卵子，然后把它们排出体外。

2 受精 精子和卵子在附近水中完成受精，形成受精卵。

3 囊胚 受精卵经过一系列的细胞分裂变成囊胚，即由细胞组成的一个空心球体。

4 浮浪幼虫 囊胚变长，变成一个长有纤毛的幼虫，称为浮浪幼虫。

5 水螅体 浮浪幼虫落在海底把自己固定住，之后，它长出触须和口变成水螅体。

6 水母体 当水螅体生长到一定阶段后，会生出许多小水母，这些小水母就像一摞盘子一样生长在水螅体上。不久，小水母就会脱离母体。

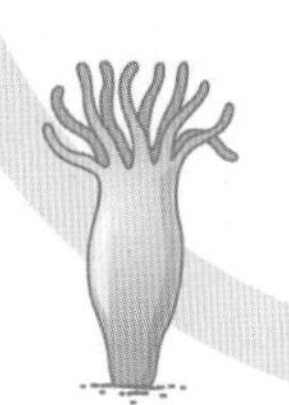

成年水母

水母幼体

最常见的水母生存环境是浅海。

世界上有
11 000多种
刺胞动物。

多孔动物门

海绵是固定生活的水生动物，它们大部分生活在海底，也有一些生活在淡水中。它们的身体构造极其简单，没有真正的器官和组织，而且它们体内的细胞在某种程度上是各自独立的。海绵身上长着一个或多个孔洞，用来过滤水中的微生物。海绵大部分没有固定的形状，但有些种类是辐射对称的。

地球上大约有
5 000种
海绵，其中 150 种是淡水海绵，其余的都生活在海里。

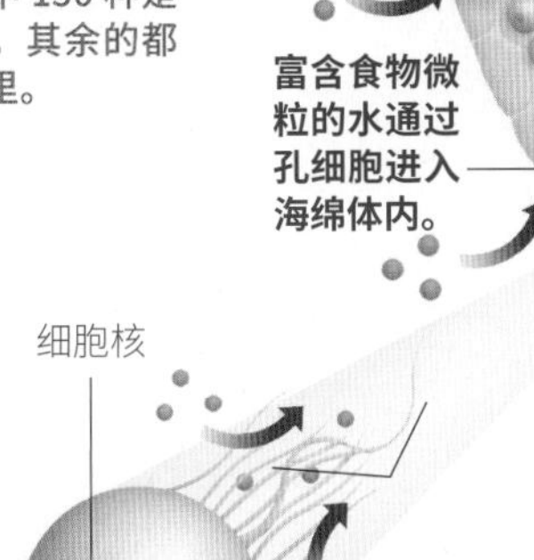

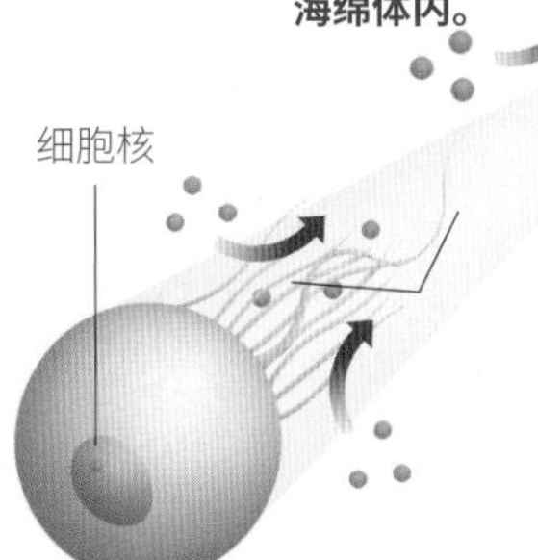

海绵的几种形态类型

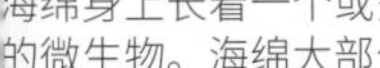

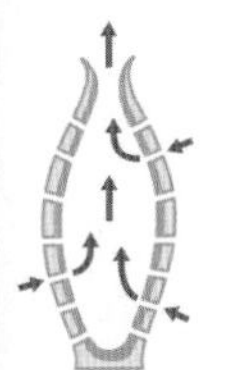
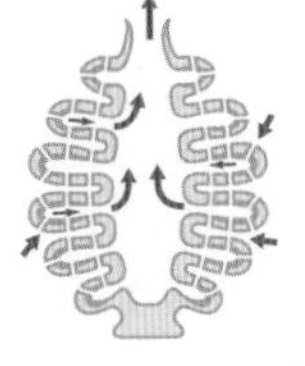
单沟型

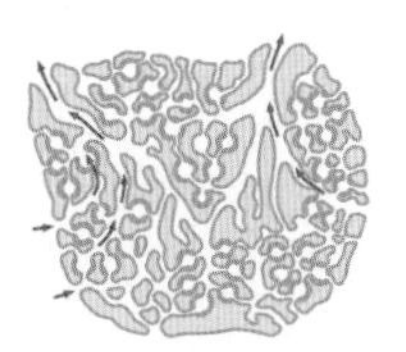
双沟型

复沟型

海中的礼花

和水母一样，珊瑚虫和海葵也是刺胞动物门的成员。珊瑚虫和海葵拥有鲜艳的体色，触手能分泌出有毒物质。它们取食和排泄都使用同一个开口，这是动物界中简单的消化系统类型。珊瑚虫一般会形成大片的珊瑚礁，无数的珊瑚虫固着在一起，滤食水流带来的微生物。海葵则是独居动物，尽管它们的运动能力有限，却可以捕捉较大的猎物。●

珊瑚虫

珊瑚礁

珊瑚虫是长着触手的水螅型生物，会分泌出石灰质的外骨骼，这些外骨骼有的是块状的，有的是树枝状的。大部分珊瑚虫是群居的，它们的外骨骼聚集成了巨大的石灰质块体，称为珊瑚礁。珊瑚虫大多生活在温暖的浅海，既可有性繁殖也可无性繁殖，以浮游生物为食。

硬珊瑚
大部分是由石灰质组成的，珊瑚虫只生长在它的表面一层。

软珊瑚
大部分由肉质构成，柔软而灵活，体内有很多小骨针。

珊瑚礁
尽管某些珊瑚礁单独存在，但大部分都能形成集群，每年最多可以向上生长 1 米。

珊瑚虫一般生长的水下
50米以内。

触须
上面长有刺细胞。

口
既是吞食猎物的入口，也是排泄废物的出口。

坚硬的外骨骼
随着珊瑚虫的死亡而集聚形成的团块。

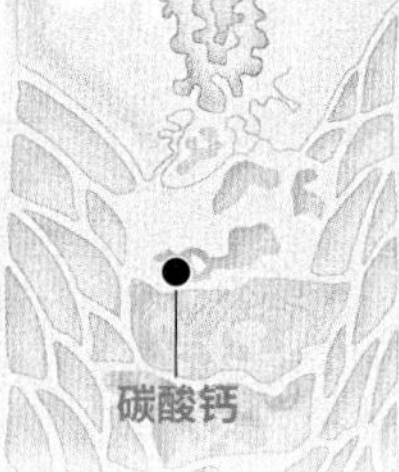

活组织

胃腔
一个水螅体中有好几个胃腔。

连结组织
通过这里与另一个虫体相连。

碳酸钙

致命的美丽

几乎任何纬度、任何深度的海洋里都有海葵生长，它们的颜色和形状美丽而多变，即使同种之间也有很多色型。海葵拥有致命的毒液，既用来捕捉猎物也用来保护自己。热带海域的海葵甚至可以长到1米。海葵身体底部长有足盘，这可以帮助它们附着在岩石上，或缓慢爬行，或嵌进海床里。它们用环绕在嘴边的触手布下陷阱捕捉各种动物。

世界上共有

11 000多种

刺胞动物。

形态的适应

为了避免被水冲走，海葵在感应到水流时会缩起身体。

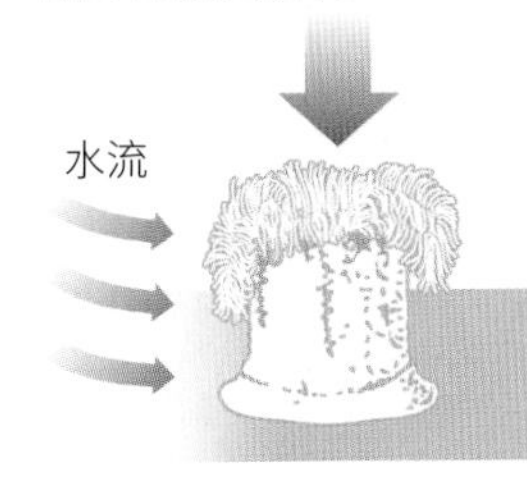

收缩 海葵把身体缩短。

膨胀 由肌肉牵引着身体拉长。

伸长 当水流平静时海葵会变得细长。

触手 用于捕食和移动，含有刺细胞。

小丑鱼 与海葵共生，但海葵的毒素对它们没有影响。

口盘

口

壁孔

咽

膈膜收缩肌

完全隔膜

膈膜丝

消化循环腔

足盘

海葵 穿过其身体中心轴的任何一个垂直平面，都可以把它的身体分为两个几乎完全相同的部分。

水中的星星

棘皮动物（属于棘皮动物门）是最著名的海洋无脊椎动物类群之一。海星和海胆虽然看上去差别很大，但同属于棘皮动物门，而且都有五辐对称性。棘皮动物拥有一套由许多布满管足的步带沟组成的水管系统，它们用这套系统移动、捕食和呼吸。此外，它们还有一副由钙板构成的内骨骼。这些动物没有大脑和眼睛，只能用光感受器来感知外部世界。●

步带沟

步带沟是有着厚壁的中空的圆柱体，位于海星的腕下面，是从口延伸至腕端的一条沟，沟里布满了管足。当海星把水注入管足内的某些囊泡时，管足就会伸直，当水被抽离时管足就会收缩，海星就是以这种方式来移动的。管足的末端是一个个的吸盘，可以吸住物体让海星以惊人的速度移动。如果受到突然的刺激，这些敏感的足就会收缩，隐藏到坚硬的棘突旁，避免受到伤害。

幽门管
把液体输入幽门盲囊中，起消化腺的作用。

胃

食道

5.7亿年

这是棘皮动物存在的时间。

口
取食时，胃口中翻出体包住猎物，泌消化酶把物消化掉。

表皮
下侧长有很多棘突。

辐管
水沿着这里循环流入坛囊。

坛囊
装满水后坛囊扩张，把水压进管足，使管足伸长抓住物体。

抽吸

坛囊收缩给步带沟提供压力，之后管足肌肉收缩迫使水流回坛囊，使步带沟同与之接触的物体表面之间相吸。

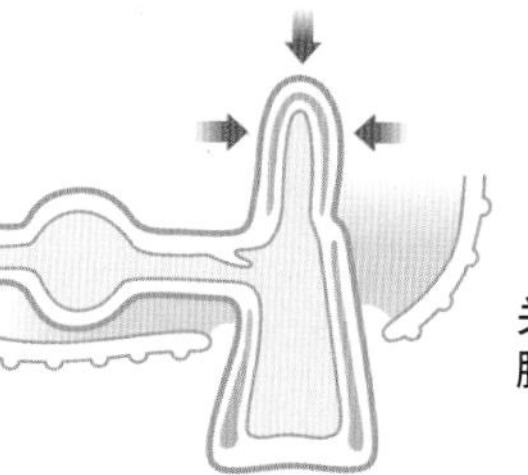

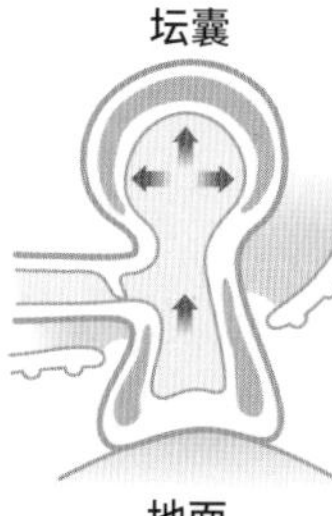

防御系统

其特点是完善的五辐对称性，没有防御死角。海胆的身上长着很多可活动的刺，看起来十分可怕。这些刺均匀地分布在海胆的表面，形成一个全面的防御体系。

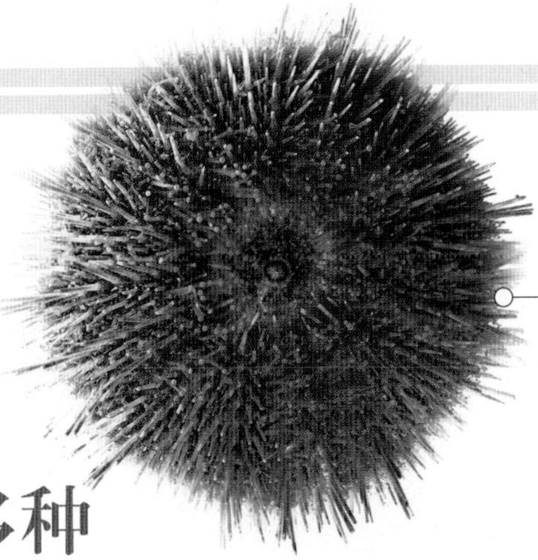

星肛海胆
(*Astropyga radiate*)

棘刺
海胆身上有两种刺：主要的大刺和次要的小刺。棘刺多数是圆柱形的，顶端十分尖锐。

棘突
起自卫作用。

6 000多种
这是世界上的棘皮动物种数。

飞白枫海星
(*Archaster typicus*)

3 肌肉可以使管足向任何方向转动，所有管足向一个方向协同运动，使海星向前移动。

2 吸盘周围分泌出黏液，有助于保持吸附力。步带沟肌肉收缩，把液体重新压回坛囊以便运动。

1 坛囊肌肉收缩把液体压进步带沟，使其伸长接触到地面。

运动过程

步带沟和管足使海星可以随心所欲地移动。每一条腕上都平行排列着两列管足，管足末端拥有感觉功能，能感知海底其他生物的动静。

没有腿的动物

蠕虫是长而柔软、无足的无脊椎动物，它们主要分为 3 个门：扁形动物门、线形动物门和环节动物门。扁形动物门是最简单的一类蠕虫，大部分是寄生虫，也有一些是非寄生的。线形动物门蠕虫身体呈圆柱形，表皮比较坚韧。环节动物门蠕虫的身体结构比较复杂，成员有蚯蚓、水蛭、沙蚕等。许多蠕虫对动植物和人类都有重大意义和影响。●

蠕虫家族分类

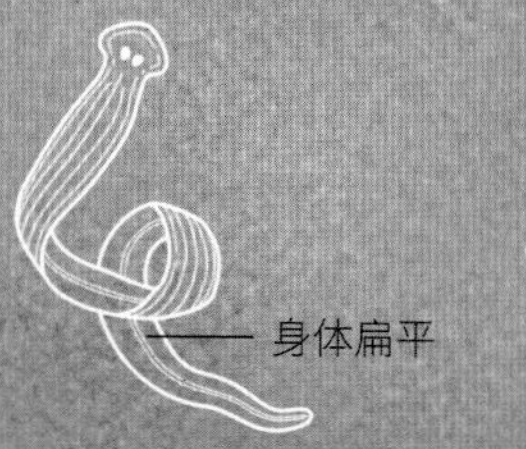

扁形动物门

线形动物门

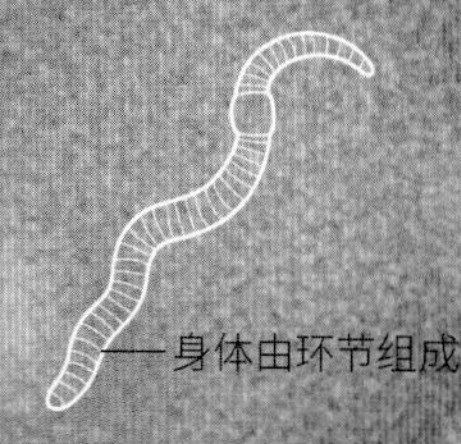

环节动物门

对光的反应

涡虫的头部有两个眼点，当受到光的过度照射时，眼点会收缩，并且自身保持不动。

消化系统

环节动物的消化系统是从口一直延伸到肛门的一条直管，包括口、咽、食道、嗉囊、砂囊和肠。

心脏

环带

口

咽

生殖系统

肠

移动
像蛇一样蜿蜒爬行。

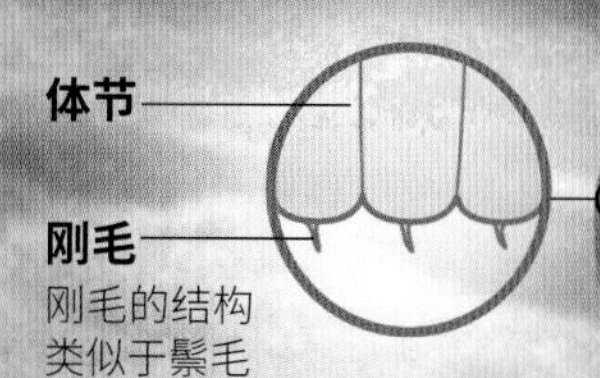

陆正蚓
（*Lumbricus terrestris*）

表皮

吻
部分向内折叠。

口钩
把虫体固定在寄主身上。

8.5米

这是巨大胎盘线虫（*Placentonema gigantissimum*）可以长到的长度，它是世界上最长的蠕虫。

肛门

组织

蠕虫的组织是层状结构的，内部有空腔。图示的这个环节动物有 3 层组织壁和 1 个体腔。体腔中充满了体液，身体中好像有了一副“液压骨骼”。

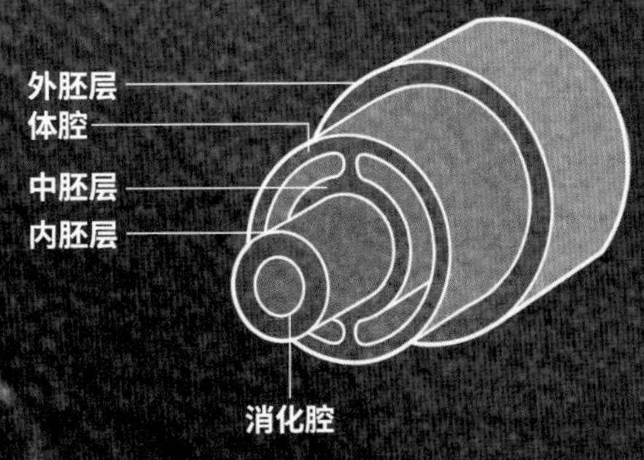

食物
细菌和有机残渣。

已知的蠕虫至少有
100 000种。

颈部
可以收缩，用于隐藏和保护头部。

组织
由纤维和弹性物质组成。

吻腺
通往储存食物的地方。

繁育

扁形动物和环节动物通常是雌雄同体的，线形动物通常是雌雄异体的。在某些情况下，蠕虫会一分为二，长成两只新虫。

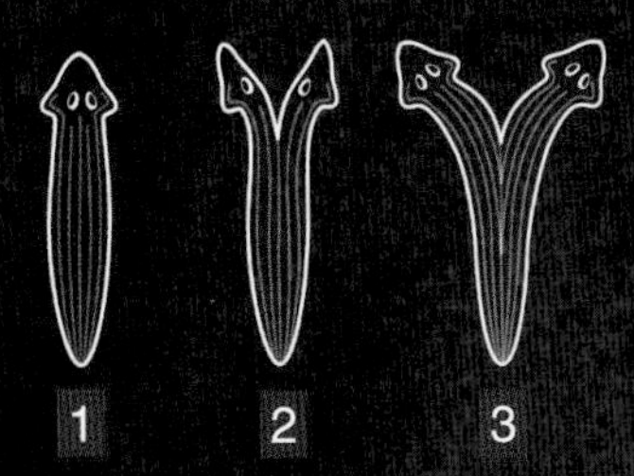

棘
用于刺穿寄主的皮肤。

没有关节的动物

软体动物门的大部分成员身体柔软而灵活，没有关节，但是却有一个大而坚硬的外壳。大多数软体动物生活在海洋里，也有一些分布在湖泊和陆地环境中。所有现存的软体动物大部分拥有左右对称的身体、用来感觉和运动的肉质足、一个内脏团和一个用来分泌外壳的外套膜。大部分软体动物还有一种非常奇特的口部结构，被称为齿舌。

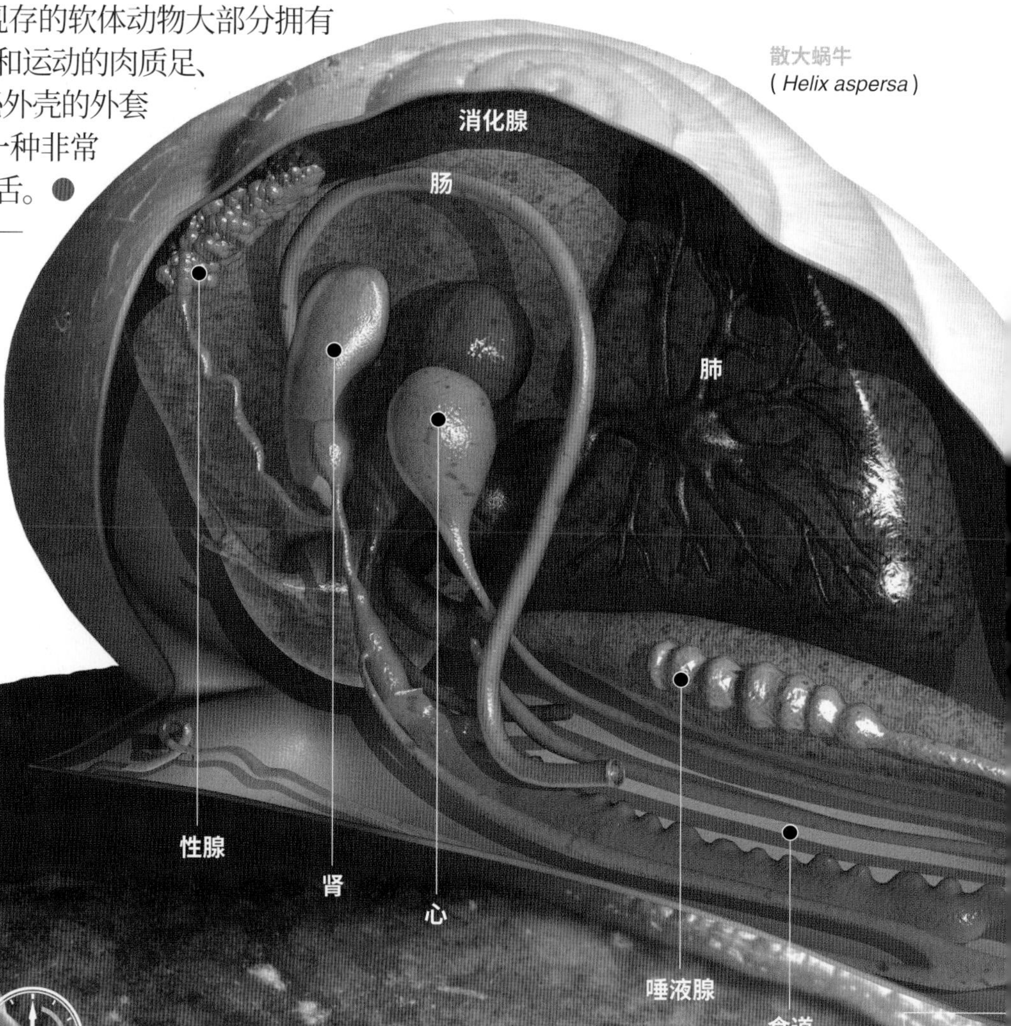

散大蜗牛
(*Helix aspersa*)

消化腺
肠
肺
性腺
肾
心
唾液腺
食道
雌性生殖器

腹足纲

此类软体动物最大的特点就是具有大腹足，腹足的波浪式运动可以推动它们的身体前进。螺和蛞蝓都是腹足纲动物，它们可以生活在陆地上、海洋中和淡水里。腹足纲动物的壳大多是螺旋形的，它们柔软的身体可以变形，所以能完全缩进壳里。它们的头部还长有眼睛和一对或两对触须。

前鳃亚纲

这个亚纲里的动物主要是海洋动物，它们有的壳内有珠母层，有的壳具有瓷的质地。

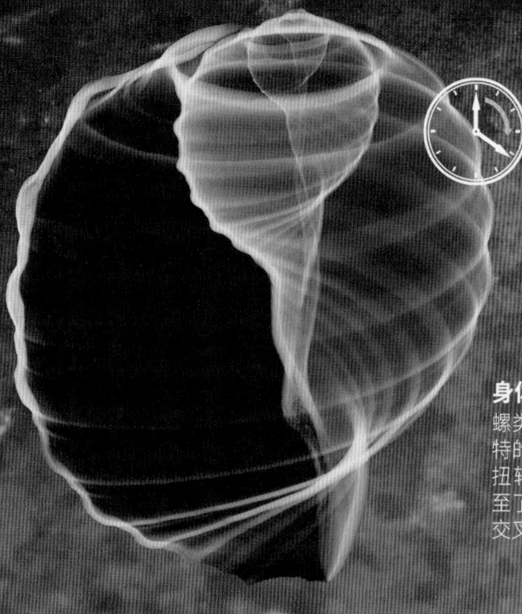

囊

蜗牛、陆生蛞蝓和淡水蛞蝓都有肺囊，它们可以直接在大气中呼吸氧气。

后鳃亚纲

它们只有很小的壳（如海蛞蝓），有的甚至没有壳。

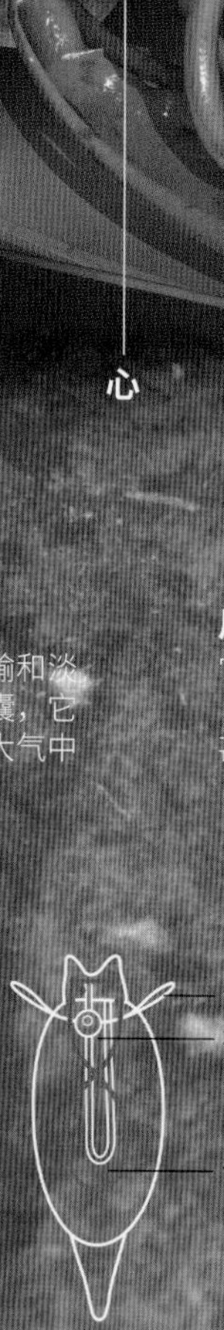

海天使
（*Candida* sp.）

身体扭转的螺

螺类内脏的扭转是一种非常独特的现象。它们体内的内脏团扭转了 180°，外套腔开口移至了体前，侧脏神经连索左右交叉成“8”字形。

鳃
神经系统
消化道

双壳类动物

这类软体动物的壳分成两半，由弹性很强的韧带连在一起。韧带负责打开贝壳，闭壳肌负责合上贝壳，壳上的壳嘴可以使贝壳关得更紧。几乎所有的双壳类都以微生物为食。它们有的把自己埋在湿沙子里，挖出小隧道以便水和食物进入。隧道的长度从 2 厘米多到 1 米左右不等。

朝圣扇贝
(*Pecten jacobaeus*)

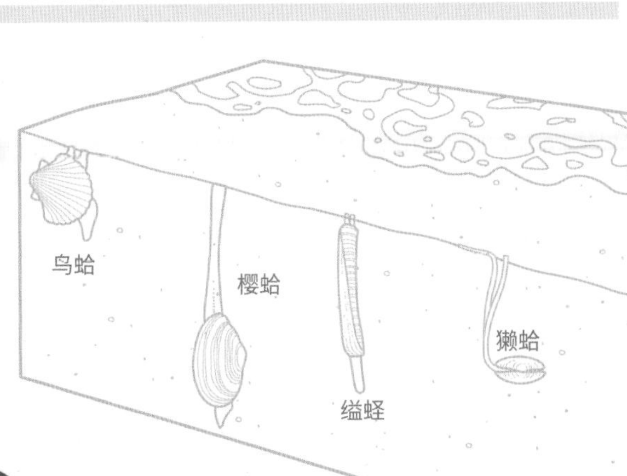

躲进沙子里

许多软体动物为了躲避天敌、海浪、风以及温度突变，会把自己藏到沙子里。

瓣鳃纲

包括大部分双壳类。它们没有头、眼睛和四肢，用鳃来呼吸、滤食，静静地生活在海底。这类动物可以长到 13 厘米。

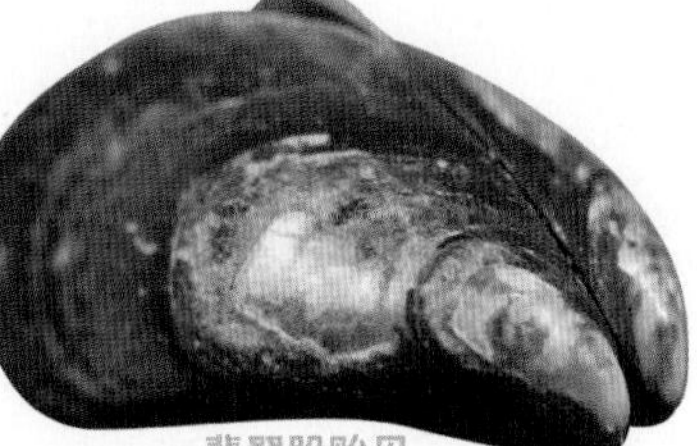

翡翠股贻贝
(*Perna viridis*)

约100 000种

这是世界现存的软体动物种数，更多的软体动物已经灭绝了。

原鳃亚纲

这个亚纲里的双壳类有 1 片肉足，称为斧足。双壳类动物用鳃呼吸。该亚纲中有一种银锦蛤，个体非常小，只有 13 毫米宽。

齿舌

头足纲

乌贼、章鱼、鱿鱼、鹦鹉螺都属于头足纲，因为它们的“足”（也就是触手）是直接长在头上的。这些掠食动物非常适应海洋生活，它们有十分复杂的神经系统、感觉系统和运动系统。它们的触手环绕其口部，口有强大的喙和齿舌。头足纲动物的体长从 1 厘米到数米不等。

鹦鹉螺亚纲

这类生物在古生代和中生代的海洋中非常繁盛，但仅有 2 个现生属，鹦鹉螺属与异鹦鹉螺属。其中鹦鹉螺有 1 个大的外壳、4 个鳃、10 根触手。它的外壳是钙质的，呈螺旋形，里面分割出很多腔室。

鞘形亚纲

这个亚纲里的头足纲动物都只有退化的小壳，位于身体内部，或者根本没有壳，只有 2 个鳃。除了鹦鹉螺亚纲之外，鞘形亚纲包含了所有现存的头足纲动物，如章鱼、鱿鱼和乌贼。

乌贼
(*Sepia officinalis*)

鹦鹉螺
(*Nautilus* sp.)

“长”出来的珍宝

人们通过捕捞或饲养贝类获得珍珠。珍珠被称为“宝石之王”，早在 4 000 年前就被人类发现，很多古代文明都把它们作为自己的重要象征。尽管珍珠价格不菲，但对于生产它的贝类来说，它却是一个烦人的东西。能产珍珠的贝类有牡蛎、蚌和贻贝等。其中，牡蛎生产的珍珠光泽最美，价值较高。

珍珠的形成

沙子或寄生虫有时会意外地进入牡蛎的壳内无法排出，为了减轻外来物的滋扰，牡蛎会启动防御机制，分泌出一种光滑、坚硬的结晶物（珍珠质）包裹在外来物的上面，最后珍珠质形成了珍珠。所以，养珠人会故意把沙子放入牡蛎体内，促使牡蛎产出珍珠。

外壳 由两瓣贝壳组成。

贝壳的内表面 上面的感觉毛可以使牡蛎感知光的明暗。

消化腺 其细胞可消化吸收物颗粒。

1 珍珠的培育

早期的人们把淡水贝类的贝壳磨成小圆粒，放入牡蛎体内。牡蛎会从其外套膜分泌珍珠质，把小粒包裹住，接着珍珠就一层一层地开始生长了。

A 异物入侵

沙粒

齿舌

B 牡蛎分泌珍珠质包裹异物。

2 珍珠的生长

新的珍珠质均匀地、不断地覆盖在珍珠表面，养珠人让珍珠自由生长，直到它们达到所需的大小和质量时才把它们取出来。在这个过程中，人类不用过多干预，只需保证养殖场的温度、水流和清洁度都适合并利于珍珠的生长就可以了。

3~8年

这是 1 颗合格的珍珠需要成长的时间。

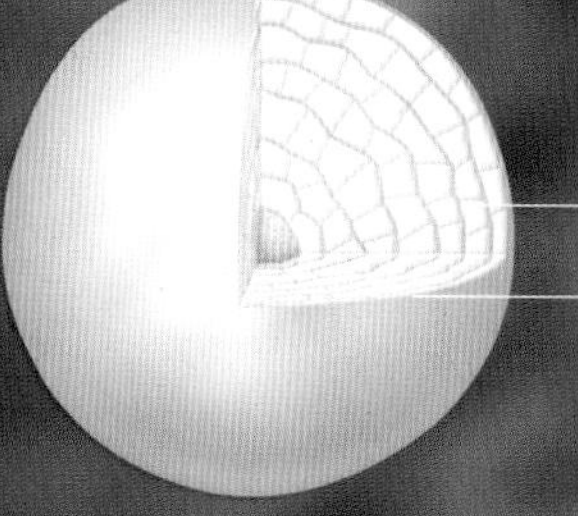

珍珠上的珍珠质层

贝壳上的珍珠质层

牡蛎

拴在绳子上

吊养牡蛎

这些牡蛎吊在一排排竹筏下面，浸在富含浮游生物的水域里。

珍珠的形状

有的珍珠是圆的，有的则像米粒一样瘦长。

天然珍珠

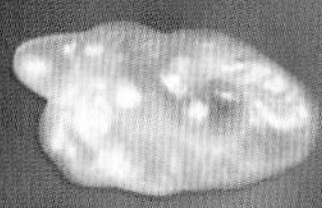

人工养殖的珍珠

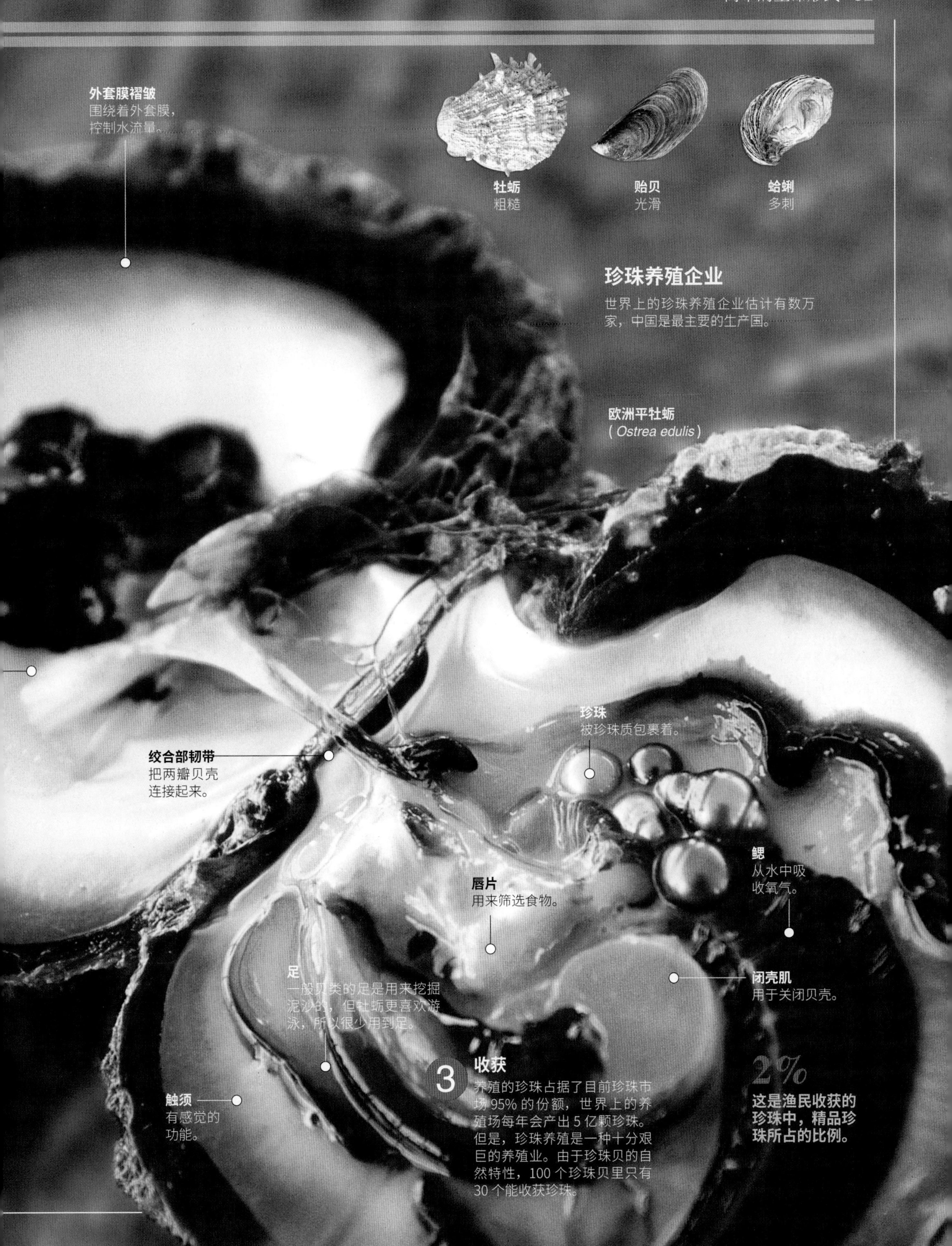

珍珠养殖企业

世界上的珍珠养殖企业估计有数万家，中国是最主要的生产国。

3 收获

养殖的珍珠占据了目前珍珠市场 95% 的份额，世界上的养殖场每年会产出 5 亿颗珍珠。但是，珍珠养殖是一种十分艰巨的养殖业。由于珍珠贝的自然特性，100 个珍珠贝里只有 30 个能收获珍珠。

2%

这是渔民收获的珍珠中，精品珍珠所占的比例。

强大的触腕

长有 8 条触手的章鱼是深海中为数不多的大型海洋头足纲动物之一，它们通常生活在河口附近的浅海中，在石质或沙质的海底活动。章鱼动作缓慢，偶尔通过喷水来游动，但在捕猎或逃跑时速度非常快。有些章鱼拥有高度进化的大脑，非常聪明。

变色大师

对章鱼来说，变成和海底一样的颜色是一种绝妙的伪装策略，可以帮助它们躲避猎物的视线。在更深的海里章鱼会改变策略——用发光的身体引诱猎物上钩。但如果你看到它一边变色一边“跳舞”，那是它正在吸引异性。

表皮
是一层弹性很强的膜，覆盖着章鱼的整个身体。

头部
随着章鱼的呼吸和运动，头部会不停地收缩或放大。虽然头部里有大脑，但外面并没有坚硬的防护结构。

攻击

攻击对手时，章鱼会把漏斗口指向与它们运动相反的方向。真蛸（一种常见的章鱼）生活在地中海和北大西洋，体长可达 1 米。它们经常在夜间游走于海底的岩石间，出其不意地袭击猎物，灵活地用自己的触腕和喙把猎物制服。

章鱼的漏斗肌一般在逃跑时使用，但也会靠它来悄悄地接近猎物。

触腕随着章鱼前进的方向向前、向外伸展。

用宽阔的触腕基部区域裹住猎物。

大型掠食者

和鹦鹉螺、乌贼、鱿鱼等头足纲动物一样，章鱼也是肉食性动物。它们喜爱捕食鱼类、软体动物和甲壳动物，尤其是螃蟹。在吞下猎物之前，章鱼会用随唾液分泌出的毒素将猎物杀死。

飞快逃跑

漏斗的吸水和喷水是由环肌和长肌的交替收缩完成的。通过调节喷水的力度，章鱼能以飞快的速度逃离危险。章鱼逃跑时，脑袋在最前方，触腕向外伸出。

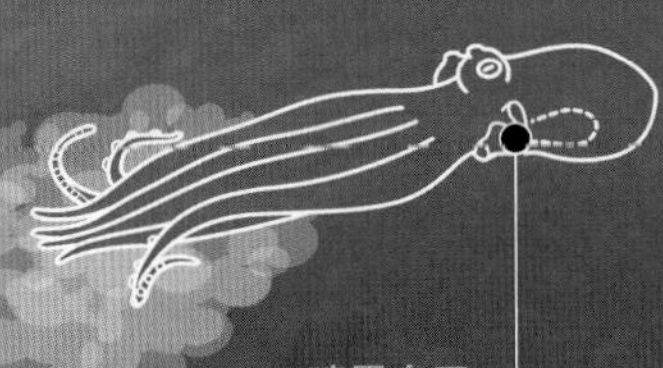

环肌收缩时，漏斗射出水流，推动章鱼向后运动。

环肌放松，长肌收缩，水吸入体内。

喷墨自卫
章鱼的肛门旁边有个腺体，当章鱼身处险境时，就会从里面喷出墨汁，在水中造出一片“乌云”。

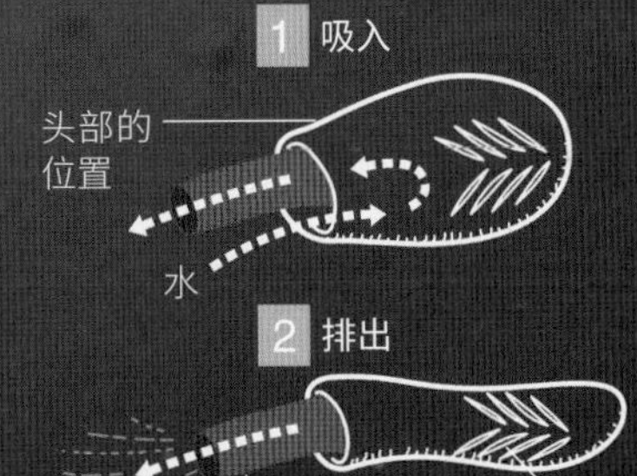

漏斗
漏斗既是章鱼呼吸腔的开口，也是非常重要的运动器官。外套膜里面的鳃从水中吸收氧。当呼吸腔充溢时，经由鳃交换氧与二氧化碳，然后将二氧化碳排出呼吸腔。

触腕
8 条触腕全都一样长。雄性章鱼的其中 1 条触腕具有生殖功能。

眼
位于头上部。章鱼的视力非常发达。

肌肉
触腕的肌肉力量很大，而且具有多种功能。章鱼通过灵活的控制，可以用这些肌肉撑起并移动自己的整个身体。

吸盘
在触腕下表面排成两行，用以抓住岩石、捕捉猎物。

抓握能力

章鱼经常在岩石间爬行，借助触腕上众多的吸盘，它们既可以紧贴在海底，也可以“站”起来。章鱼爬行就是用最前面的触腕吸住地面，然后把身体其余的部分拉过去。

甲壳动物和蛛形纲动物

蜘蛛、蝎子、蜱和螨都属于蛛形纲。它们全身密密地覆盖了一层感觉毛，这些毛细小到用肉眼都看不清楚。蛛形纲的英文名“Arachnida”来源于罗马传说中的阿拉克涅(Arachne)。传说阿拉克涅因向女神密涅瓦挑战织布的速度而将其激怒，于是密涅瓦把她变成了蜘蛛，

绚丽的绒螨
绒螨科的一些种类，它们艳红的体色和天鹅绒般的体毛十分引人注目。

强迫她永远编织下去。在本章中，我们还将探究几种常见的甲壳动物，如龙虾和螃蟹。你会发现它们在解剖学上的细节特征，以及它们之间的异同。它们的生活方式更会让你惊讶：有些种类既通过鳃呼吸，也通过皮肤呼吸。●

多姿多彩的铠甲

尽管甲壳动物能适应各种各样的环境，但还是和水环境关系最密切，因为它们正是在水中进化成了成功的节肢动物。绝大多数甲壳动物的身体分为3部分：长有触角和强大下颚的头胸部、腹部以及尾节。有些甲壳动物非常微小，例如水蚤，还不到1/4毫米。与此相反，日本蜘蛛蟹把腿伸开后长度可超过3米。●

鼠妇

这种无脊椎动物属于等足目，是为数不多的陆生甲壳动物之一，它们已经完全适应了无水条件下的生活。当感觉到危险时，鼠妇会把身体蜷缩起来，只把坚硬的外骨骼露在外面。虽然在陆地生活和繁殖，但鼠妇仍然用鳃呼吸，鳃就长在它腹部的附肢上。因此，鼠妇需要环境中有较高的湿度，这也是它们喜欢住在岩石下、落叶中、倾倒的树干下等阴暗潮湿的环境里的原因。

身体展开

外骨骼
分成很多独立的节。

身体蜷缩

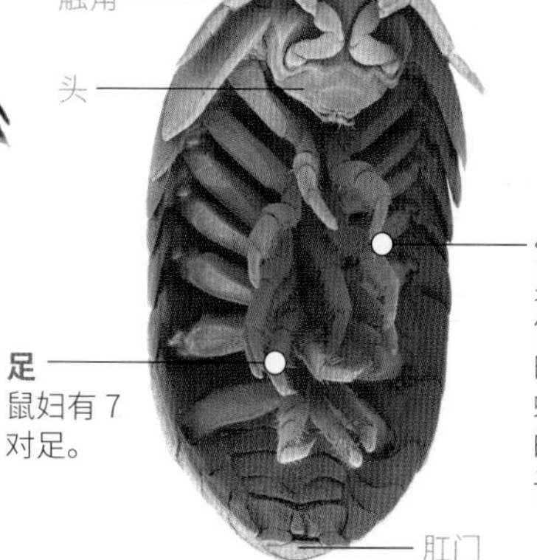

体节
身体后半部的附肢体节比前部的背部的体节小，在身体蜷缩的时候，后面的附肢可以协助虫子完全封闭。

足
鼠妇有7对足。

肛门

软甲纲

这个词源于希腊语“柔软的甲壳”，这个亚纲的动物是甲壳动物中形态结构最复杂的一类，包括虾、蟹、鼠妇。其中，螃蟹有10条腿，最前面的2条变成了钳子螯。软甲纲动物是杂食性动物，并且适应了各种环境。它们的体节从16节到60多节不等。

附肢
附肢的下部分成2个分支，1支为内肢，1支为外肢。

茗荷

太平洋的蜘蛛蟹体重可达

20千克。

永远在一起

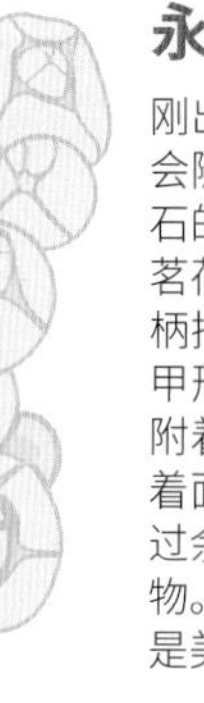

刚出生时，藤壶和茗荷微小的幼体会随海水漂流，等它们漂到布满礁石的岸边，就把自己固定在岩石上。茗荷用一个从口部延伸而来的肉质柄把自己附着在基底上，体外有背甲形成的钙板；藤壶没有柄，直接附着在基底上，形成一个宽阔的附着面。一旦固定，它们就在这里度过余生，用蔓足滤食水中的浮游生物。藤壶和茗荷都可以做成菜肴，是美味的海鲜。

藤壶的纵切面

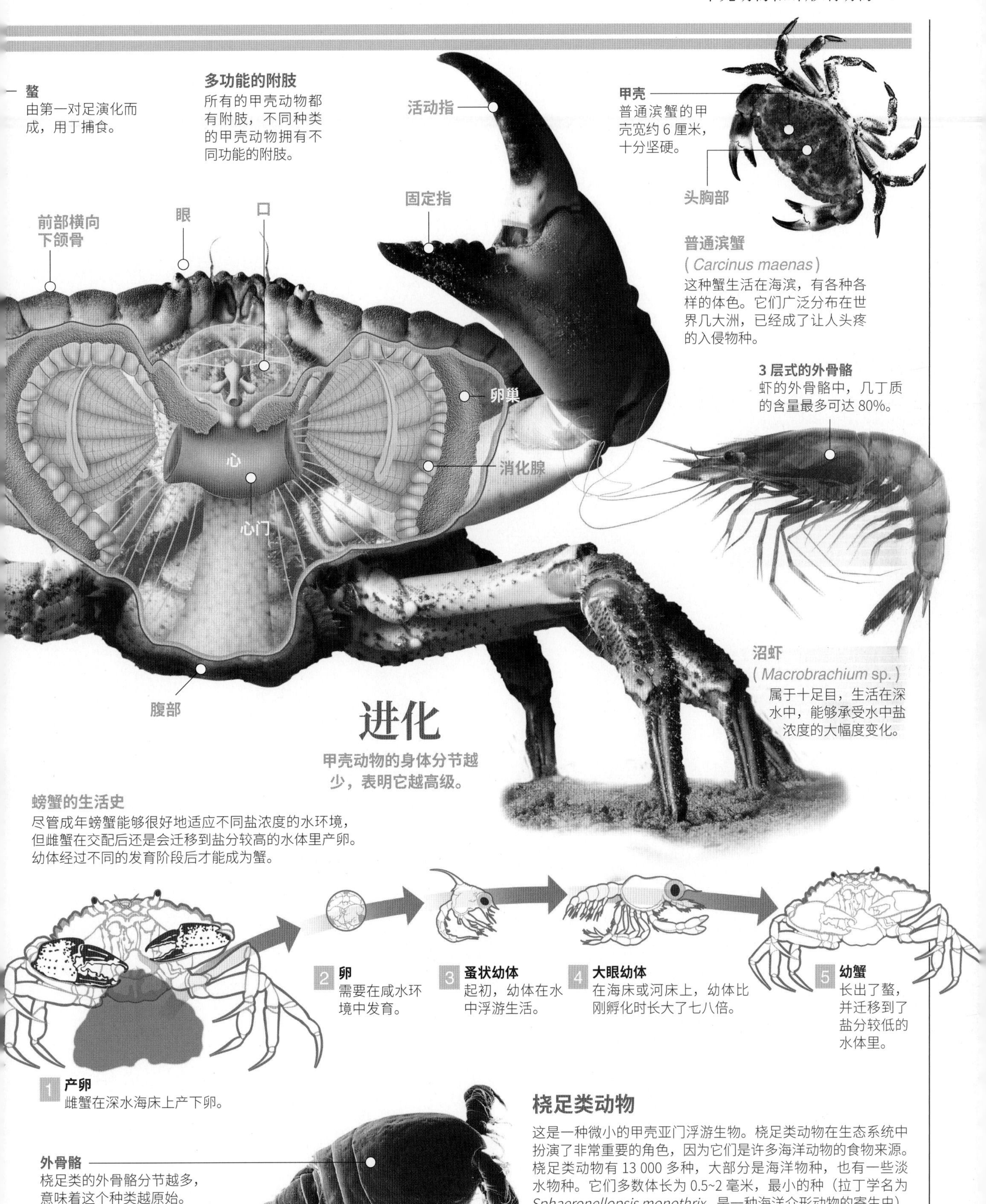

普通滨蟹

(*Carcinus maenas*)

这种蟹生活在海滨，有各种各样的体色。它们广泛分布在世界几大洲，已经成了让人头疼的入侵物种。

沼虾

(*Macrobrachium* sp.)

属于十足目，生活在深水中，能够承受水中盐浓度的大幅度变化。

进化

甲壳动物的身体分节越少，表明它越高级。

螃蟹的生活史

尽管成年螃蟹能够很好地适应不同盐浓度的水环境，但雌蟹在交配后还是会迁移到盐分较高的水体里产卵。幼体经过不同的发育阶段后才能成为蟹。

桡足类动物

这是一种微小的甲壳亚门浮游生物。桡足类动物在生态系统中扮演了非常重要的角色，因为它们是许多海洋动物的食物来源。桡足类动物有 13 000 多种，大部分是海洋物种，也有一些淡水物种。它们多数体长为 0.5~2 毫米，最小的种（拉丁学名为 *Sphaeronellopsis monothrix*，是一种海洋介形动物的寄生虫）长度仅 0.11 毫米，最大的羽肢鱼虱却长达 32 厘米。

蜕 皮

龙虾的身体被一层外骨骼支撑保护着，这也是所有甲壳动物的共同特点。但外骨骼除了有很多优点之外也有缺点：它坚硬而没有弹性，会阻碍身体的生长。动物们只能将外壳更新才能长得更大，这个过程被称为蜕皮。在蜕皮过程中，新的表皮会逐渐变硬，并且会从旧外壳中吸收所需元素来塑造新的外骨骼。

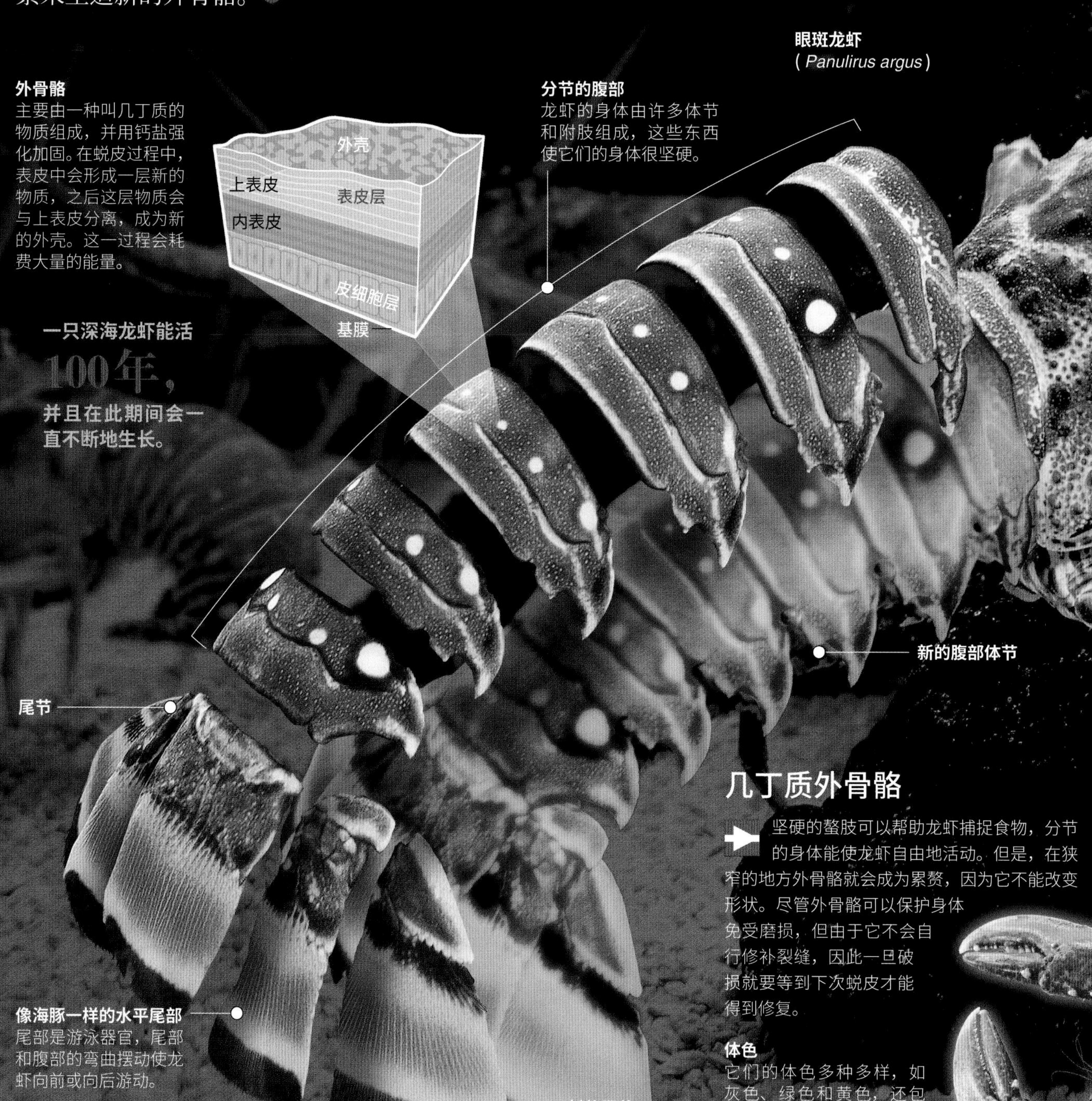

几丁质外骨骼

坚硬的螯肢可以帮助龙虾捕捉食物，分节的身体能使龙虾自由地活动。但是，在狭窄的地方外骨骼就会成为累赘，因为它不能改变形状。尽管外骨骼可以保护身体免受磨损，但由于它不会自行修补裂缝，因此一旦破损就要等到下次蜕皮才能得到修复。

体色

它们的体色多种多样，如灰色、绿色和黄色，还包括红色和黑色的底纹。

头胸部
由头部和胸部以及一部分腹部组成，覆盖着一整块头胸甲。

可以活动的复眼

小触角

触角

爪形足

步足
有5对，其中1对或多对常变成螯。

龙虾
2~3年
蜕皮1次。

蜕掉外骨骼

甲壳动物拥有坚硬的外壳，这就意味着它们只能通过周期性的蜕皮才能长大。在幼年期，它们蜕皮很频繁，到了成年期，就要很久才蜕一次皮了。蜕皮时，旧的外壳破裂脱离，此时的动物身体柔软，十分脆弱。蜕皮会对繁殖、行为、代谢等很多机能产生影响。

从第一次蜕皮开始

1 当龙虾成年后，外壳会在身上覆盖300天左右，这期间它们的身体不会长大。

2 蜕皮前的30到40天，新的刚毛在体内形成，旧的表皮与身体分离。

3 蜕皮前几小时龙虾大量饮水，使身体膨胀，把旧壳撑破。

4 蜕皮后12小时左右，龙虾都保持静止不动，这期间，它的身体因水合作用慢慢长大。

脆弱时段
在等待新壳变硬的时候，龙虾会找地方藏起来，以免被天敌伤害。

鳞片真寄居蟹
(*Dardanus arrosot*)

住在别人的家里

寄居蟹在分类上包括寄居蟹科、活额寄居蟹科和陆寄居蟹科。与其他甲壳动物不同，寄居蟹没有坚硬的外壳来保护自己的腹部，所以它钻进海螺壳里保护自己。

锋利的前足

甲壳动物拥有适应水中生活的双枝型附肢、分节的外壳以及2对外露的触角。它们还有1对大颚和2对小颚，每个体节上有1对附肢。它们结实的螯肢可以用来捕猎、取食。软甲纲动物包括龙虾、螃蟹等。●

虾

虾是甲壳亚门十足目中近2 000种动物的总称。虾的身体扁平，是半透明的，上面长着长长的触角和很多游泳足。不同种类的虾体长也不相同，从几毫米到20厘米不等。它们在咸水、微咸水和淡水中都有分布。为了生存，它们几乎整个白天都藏身不出，直到傍晚才出来觅食。

真虾下目
(Caridea)

55 000种
现存物种和许多的化石物种都是甲壳动物的成员。

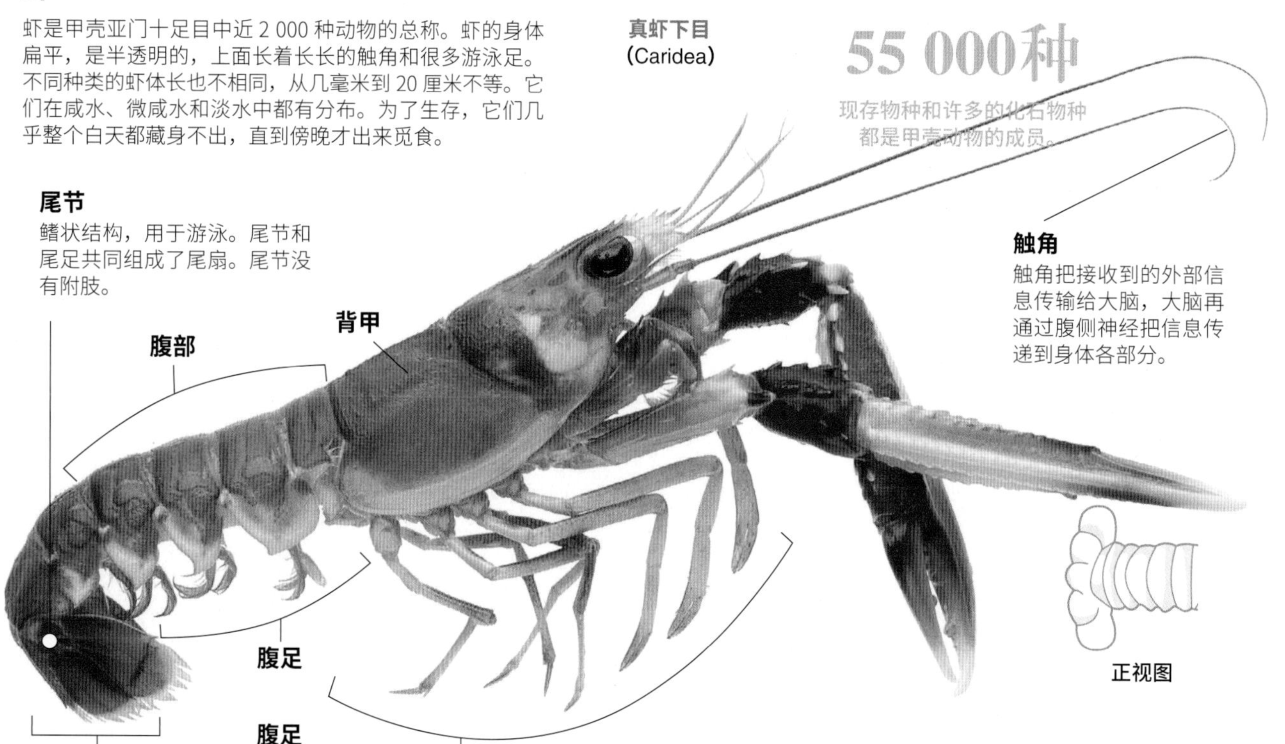

龙虾

龙虾的一大特点是它们的第一对足变成了一对巨大的螯。它们生活在浅水中的岩石里，夏季时向海岸迁移，冬季时向深水迁移。虾是典型的夜行动物，太阳下山时才开始觅食。它们的主要食物是软体动物（包括双壳类）、蠕虫和鱼。

蟹

在所有的甲壳动物中，蟹的机动性和灵活性是最好的。它们有5对足，虽然其中4对都是步行足，但它们只能横着爬，不能直着走，这是由它们腿和躯干的特殊构造造成的。螃蟹爬起来很滑稽，但不论是行走还是游泳，它们都十分擅长。无论是在沙滩上、石头上还是树枝上，螃蟹爬起来都轻松自如。

休息时
身体贴近地面，重心降低，动作缓慢而有节奏。

摆动
缓步行进
身体就像一个单摆一样运动，在前进时螃蟹会贴近地面，这样可以节省能量。

欧洲螯龙虾
(Homarus gammarus)
神经
动脉网络
屈肌
肌腱
3
小钳子
2 对又小又灵活的螯肢可以把食物送进龙虾的嘴里。
2
剪切部
刃
比粉碎部更薄，非常锋利，用来切断猎物的肉。
1
粉碎部
锯齿
龙虾螯肢上有很多又粗又壮的锯齿，它们能够压碎海螺壳、蛤蜊，甚至人的手指。
步足
用于步行的足长在头胸部。虽然它们相对于身体来说很小，但用来行走完全没有问题。
关节和杠杆
甲壳动物的足十分纤细，大量肌肉只能挤在狭小的空间里，但却可以产生强大的力量。这是因为它们大多数的关节都起到了简单的杠杆作用，足就相当于杠杆臂，关节相当于支点。
阻力
关节
肌肉
肌肉
反弹效应
快速行进
螃蟹用腿上的关节把身体悬吊起来，然后跳跃着前进。悬吊身体可以使跳跃效果成倍提高。
高架在腿关节之上的身体经常会像倒立的钟摆一样摆动，这可以协助运动。

食物链的核心——浮游动物

浮游动物是一个总称，包含了数千种不同种类的动物，主要有原生动物、刺胞动物、甲壳动物等；浮游动物体形细小，且缺乏或仅有微弱的游动能力，主要以漂浮的方式生活在各类水体中。单细胞的真核原生动物占据了浮游动物的很大一部分，它们在食物网中组成了广泛而多样的群落。可以进行光合作用的浮游植物为浮游动物提供了食物来源，同时也是棘皮动物、甲壳动物和幼鱼的食物。而当这些动物长大后，又会成为小型鱼类的食物，而小型鱼类又会被更大的动物吃掉，比如鲸（鲸一般以浮游动物、软体动物及鱼类为食）。

软甲纲

软甲纲动物大部分是海生的，也有一些是淡水生的，甚至是陆生的，但它们具有共同的特点：身体都分为头胸部、腹部、尾节3部分；头胸部由13节体节构成；腹部由6或7节体节构成；尾节在最末端，仅有1节。

南极磷虾

(*Euphausia superba*)

它们是地球上极繁盛的物种之一。南极磷虾通常能活5~10年，经历10次蜕皮后长到最大长度。它们会发出绿色的荧光，夜间可见。

实际长度
3.8 厘米

眼
磷虾有1对黑色的大复眼。

足
磷虾用羽状的足过滤出浮游藻类，供自己食用。

磷虾群可能聚集的深度达
2 000米。

磷虾如何逃跑

磷虾用尾巴上的5个“桨叶”驱动自己前进，它们会跳跃着往前或往后逃窜，速度非常快。磷虾还会集结成群来保护自己，1立方米的水中常常聚集着成千上万只虾。

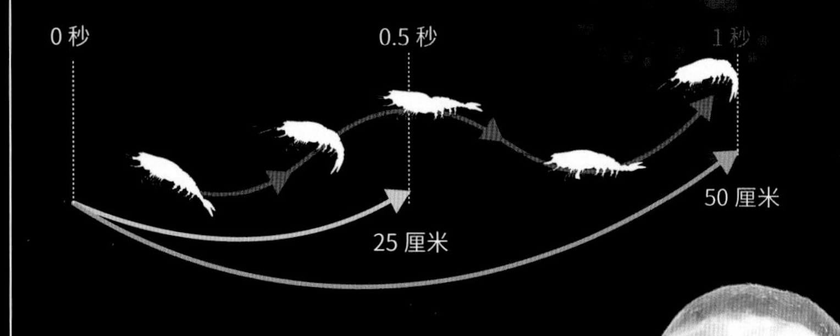

发光

每种磷虾都有发光器。发光器能够发光是因为里面的荧光素、荧光素酶和三磷酸腺苷等化合物发生了氧化反应。

食物链

作为生产者的植物开启了营养链的循环，在营养链上，只有植物是生产者，其他全部是消费者。以生产者为食的是初级消费者，以初级消费者为食的是次级消费者，以此类推。

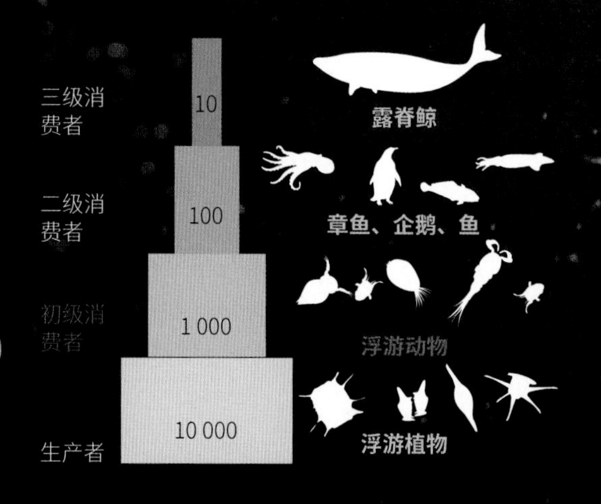

桡足类动物共有

13 000种。

桡足类

桡足类是小型甲壳动物，它们在淡水和咸水中都有分布。桡足类动物以浮游植物为食，是浮游生物的重要组成部分，也是众多水生动物的优良饵料。

大型附肢

形似 2 个精细的“梳子”，从水中过滤食物。

实际体长约为 2 毫米

草绿刺剑水蚤

（*Acanthocyclops viridis*）

草绿刺剑水蚤的幼虫可以发出荧光。在发育期结束后，它们就开始自由游动了。剑水蚤生活在淡水中，在全球广泛分布，是常见的桡足类动物之一。

甲壳动物的无节幼虫

这些小甲壳动物用它们的足跳跃着在水中游动，以动植物碎屑为食。

足

可以把水流引进嘴里，以便吸收水中的食物颗粒。

鳃足类

它们是甲壳动物中比较原始的类群。它们生活在世界各地的湖泊和池塘里，长有复眼，通常覆盖着保护性背甲或介壳，身体也分为许多体节。

溞

（*Daphnia* sp.）

有 2 对触角和足，适于游泳和抓握。第二对触角是溞的主要运动器官。它们的食物是微小的藻类和动物尸体的残渣。

实际体长为 1~3 毫米

水蚤的平均寿命为

6~8周。

一个特殊的家族

蛛形纲动物是螯肢亚门中物种最多的一个类群，这个纲包括蜘蛛、蝎子、蜱、螨等。蛛形纲动物是第一类登上陆地的节肢动物。在志留纪地层中发现的蝎子化石显示，这些动物的形态和行为从古到今都没有发生过显著变化。蛛形纲中较著名的动物是蝎子和蜘蛛。●

巨型隅蛛
(*Tegenaria duellica*)

这种蜘蛛的特点是腿相对于身体来说很长。

雌蝎子最多可以把 30 只幼蝎背在背上。

一对钳子可以紧紧地抓住猎物，使其无法动弹。

须肢
雄蜘蛛的须肢末端构成了一个交配器官，用来把精子传输给雌性。

须肢
是感觉器官，也是夹持食物的器官。雄性用它来辅助交配。

蝎子

自古以来人们就害怕蝎子，怕它们的螯肢（别的蛛形纲动物也有，但蝎子的格外大）和由须肢特化而来的钳子。此外，蝎子的头胸部和腹部还覆盖着坚硬的几丁质外骨骼。

统治者惧蝎
(*Pandinus imperator*)
和其他蝎子一样，统治者惧蝎也有 1 个装满毒液的螯针用来御敌。这种世界上最大的蝎子体长一般为 12~18 厘米，但有的也能长到 20 厘米。

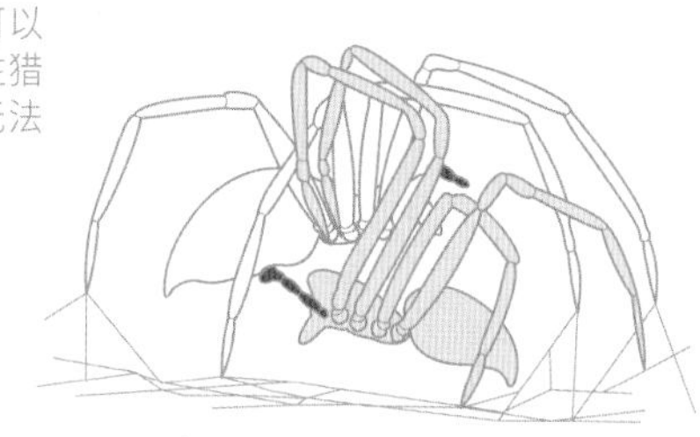

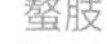

螯肢
可以上下运动。在更原始的蜘蛛（如狼蛛）身上，螯肢能像钳子一样左右运动。

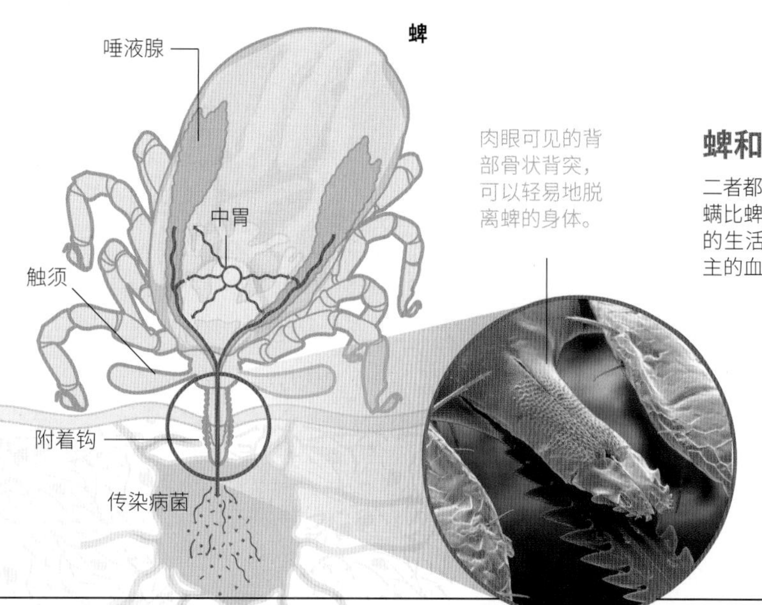

肉眼可见的背部骨状背突，可以轻易地脱离蜱的身体。

蜱和螨

二者都属于蜱螨亚纲，但身体的大小不同。蜱体长数毫米至 1 厘米，但螨比蜱小得多。螨寄生在植物或动物身上，生活方式多种多样；而蜱的生活比较单一，它们一生分为幼虫、若虫、成虫三个阶段，以寄主的血液为食。

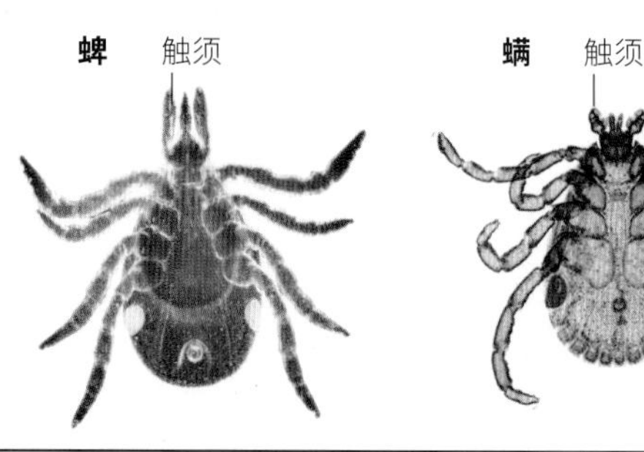

约90 000种

这是生活在地球上的蛛形纲动物的种数。

更换外骨骼

蛛形纲动物通过蜕去旧的外骨骼来长大。蜘蛛幼年时每年最多蜕皮 4 次，成年后每年蜕皮 1 次。

1 外壳的前缘脱落，表皮从腹部裂开。

2 蜘蛛不断抽动自己的足，直到旧皮脱落。

3 完全褪掉了旧皮，新皮在空气中渐渐变硬。

步足

蜘蛛有 4 对步足，上面的毛有助于感受地面的震动。

蜘蛛

蜘蛛是常见的节肢动物之一。它们有一项特殊的功能——分泌一种液体，这种液体遇到空气后会变成非常细的丝。蜘蛛会巧妙地把丝线用在不同的地方，比如，当雌蛛交配后，会把卵产在一个丝囊（也就是卵囊）里。蜘蛛的外部特征十分明显：身体由两部分组成，即头胸部（前体部）和腹部（后体部）。两部分之间通过个细柄（腹柄）连接。蜘蛛有 4 对眼睛，眼睛的大小不同，位置也不同，这可以作为将它们分类的依据。蜘蛛螯肢的末端是毒牙，通过导管与毒腺相连。蜘蛛就是通过螯肢向猎物注射毒素而将其杀死的。

无鞭目

是一类不太大的蛛形纲动物，体长 0.4~4.5 厘米。它们的螯肢并不大，但用来捕捉猎物的触肢十分发达。它们的第一对足变成了细长的感觉器，功能类似触角，后 3 对足是步行足。由于身体扁平，无鞭蝎走起路来像个螃蟹。

30厘米

这是最大的蜘蛛伸开后腿时可达到的长度。

高级丝线

蜘蛛以吐丝织网而闻名，它们可以用自己的丝腺分泌的丝来捕捉猎物、自卫及保护后代。目前，人们已知的蜘蛛丝腺共有 7 种。丝在丝腺中是液体，一旦被分泌到体外遇到空气，就会变成坚韧的丝。

长蛛丝的形成

蛛丝是通过 2 对或 3 对纺器生产出来的，纺器中有数百个微小的细管与腹部的丝腺相连。丝线起初是液体，从纺器中喷出来后变硬，成了丝。这些纺织大师可以在瞬间喷出无数条丝，还会在丝的主要成分——蛋白质上覆盖一层薄薄的脂肪层。科学家相信，有的蜘蛛还会模仿花朵在紫外线下的图案织网，这会使许多蜜蜂和蝴蝶落入它们的陷阱。

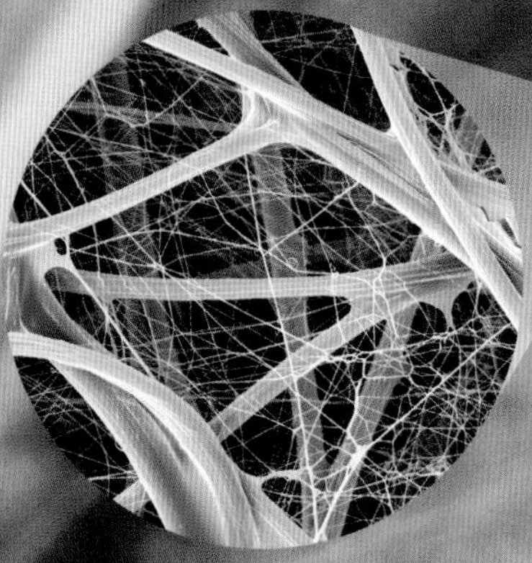

蛛丝的成分

蛛丝是由复杂的蛋白质构成的，雌、雄蜘蛛一般都有 5~7 种不同类型的丝腺来制造这些蛋白质。

纺器

丝通过纺器喷出体外，细丝在干燥之前聚合在一起，形成结实的粗丝。

丝腺

负责把生产丝的原料运送到纺器。丝腺的分泌物是一种不溶于水的液体。

30%

这是1根蛛丝在充分拉长后，可以增长的比例。

多功能的蛛丝

除了用来织网、做陷阱和巢穴的衬里，蛛丝还有别的用途。蜘蛛可以把蛛丝粘在地上当作路标，也可以在下落或逃跑时把蛛丝当作安全绳，还可以利用蛛丝让自己悬在半空。雄蜘蛛在寻找雌蜘蛛之前，会织一个丝网，把精子放在上面；而雌蜘蛛会把卵产在自己编织的丝囊里，以保护脆弱的后代。

用作衬里

存放精子

制作卵囊

做安全绳

做陷阱

做蛛网

蛛网的建筑学

蛛网的外形取决于编织它们的蜘蛛。有的网设计得非常巧妙，如小小的三角皿蛛在灌木中编织的“吊床网”。一些皿蛛科和漏斗蛛科蜘蛛的网里则没有黏丝，只有干燥的普通丝。蛛丝几乎像钢铁一样坚固，其弹性却是尼龙的2倍。一些大型热带蜘蛛织的网就像渔网一样结实，甚至可以网住小鸟。

5 修补

蛛网上干燥的线可能会被螯肢切断，也可能会被落网的猎物挣断。这时，蜘蛛就会用更黏更粗的丝来修补破损处。

4 制作辐条

蜘蛛使用丝腺构建出蛛网的辐条，再用干燥的丝从一根辐条连接到另一根辐条，形成螺旋形的结构。

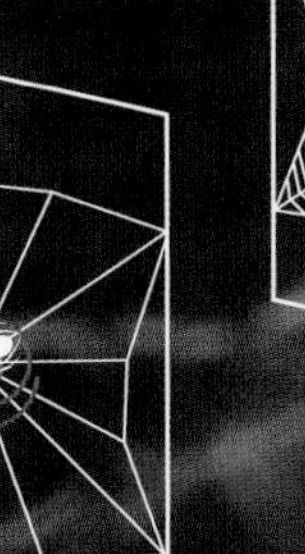

3 支撑

蜘蛛利用附近的一些物体（如树干、墙壁或一块石头）做出支撑蛛网的结构。

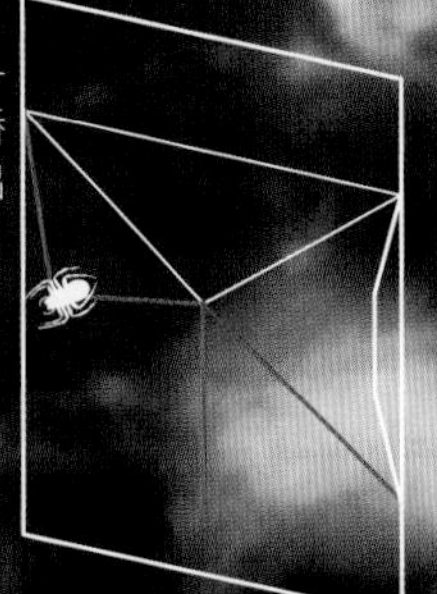

2 制造三角结构

蜘蛛在“桥”的两侧各加了一根松散的丝线，然后它爬到桥的中心，让身体下落，使放出的丝形成一个三角结构。

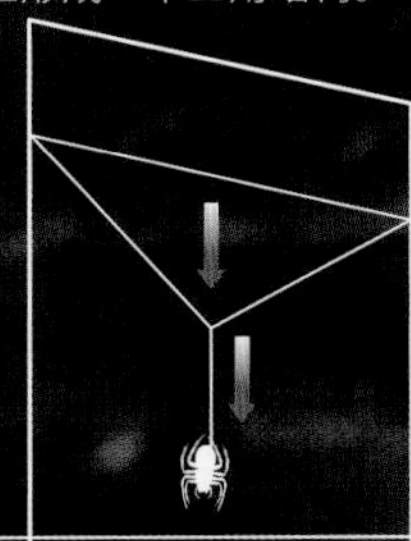

1 开始

蜘蛛把丝放出，让它在风中飘摆，直到粘到某处。这样，一座“桥梁”就架好了。

约2 500种

这是世界上已知的结网蜘蛛的种数。

第六感

虽然有的蜘蛛视力十分敏锐，但大部分蜘蛛的视力不佳，只能看清短距离内的物体，所以它们一般在夜间活动。蜘蛛使用肢体末端的感觉毛来感知周围的世界，它们的每根体毛都对压力的变化十分敏感，一些毛还能把外界的震动传递给外骨骼。

体毛

体毛用来把外界的刺激传递给细胞，它们有的短而僵硬，有的长而灵活。体毛主要起到物理感觉器的作用，为蜘蛛提供周围环境的各种信息。来自体毛的刺激可以引导蜘蛛逃避天敌，获取食物，并建立步行、跑动、争斗和交配所需的反射映像。

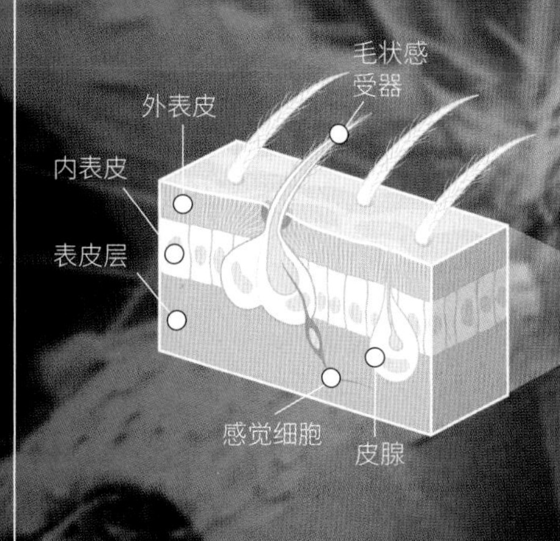

感觉毛
长且有触觉的毛发。

触觉毛
感知环境中的物体。

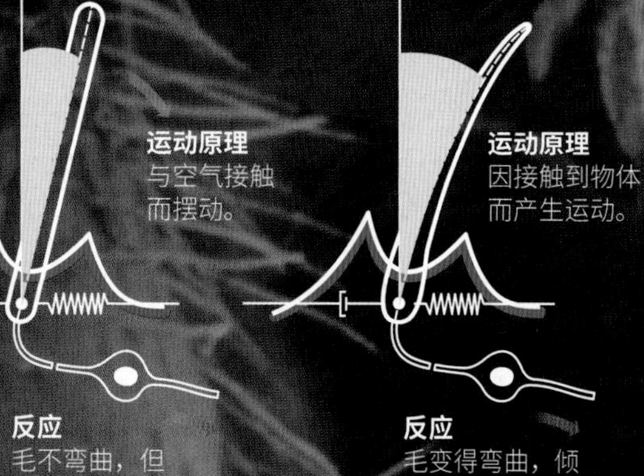

感受器

这些毛可以感知震动和其他生物的存在。

感觉毛
感知物体的移动。

眼孔
可以让蜘蛛拥有360°的视野。

眼
眼睛里的视网膜可以在三维空间内移动，这样，蜘蛛既能眼观六路，又能聚焦在某一物体上。

螯肢
是1对长着毒牙的附肢，能分泌毒液。

须肢
是用来感知环境的附肢。

螯肢和眼睛

螯肢由1个包含毒腺的基节和1节毒牙组成，毒腺在毒牙末端处开口。大多数蜘蛛有8只眼睛，每只眼睛都有1个角膜晶状体、若干视杆和1个视网膜。眼睛一般能察觉移动的物体，有些也能成像。

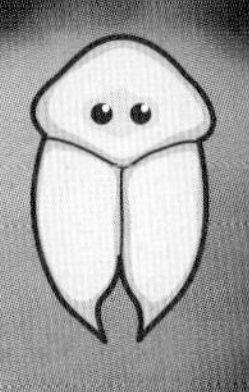

妖面蛛
（*Dinopis* sp.）
有2只敏锐的大眼睛。

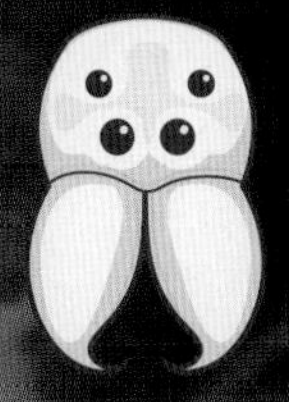

蝇虎跳蛛
（*Phidippus audax*）
头前部有4只大眼睛，头顶有4只小眼睛。

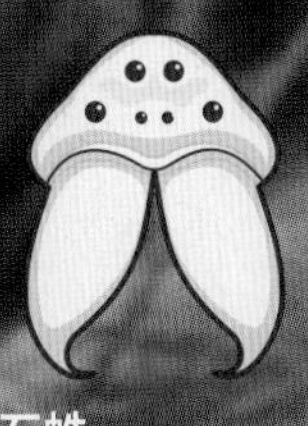

石蛛
（*Dysdera* sp.）
有6只小眼睛。

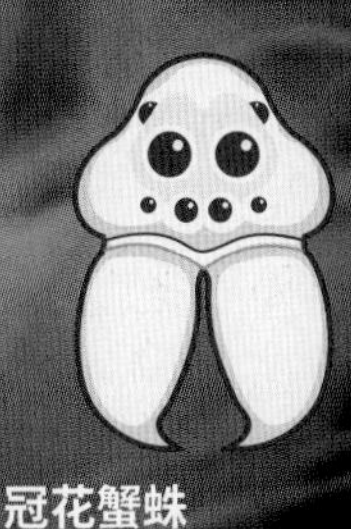

冠花蟹蛛
（*Xysticus cristatus*）
有8只均匀排布的眼睛。

多功能的须肢

须肢有6节，末端长着爪。整个须肢上都有触觉器官，雄性的须肢末端变成了一个容器，在交配时用来传输精子。须肢的根部则用来咀嚼食物。

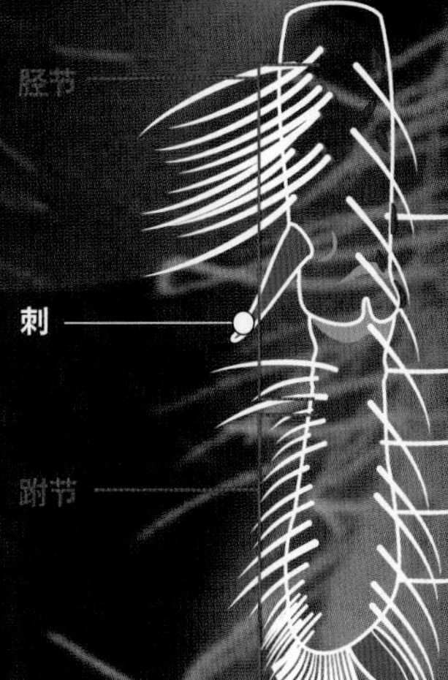

毒 针

在节肢动物中，人类最害怕有毒的蛛形纲动物。不过它们的毒素虽然能毒死动物，却很难毒死人，而且它们只有在受到人类威胁时才会用毒液自卫。蝎子在这些有毒的蛛形纲动物里是出类拔萃的，它在应对难缠的猎物时会动用自己著名的毒针。另一种值得注意的有毒的蛛形纲动物是黑寡妇蜘蛛，它微小的身体中产生的毒液量相当于一条响尾蛇毒液量的 1/3。

最危险的角色

在 38 000 种已知的蜘蛛中，只有大约 30 种蜘蛛的毒液对人体有害。有些蜘蛛是四处游荡的猎手，其他的则是守株待兔的织网者。黑寡妇蜘蛛是织网蛛中非常害羞胆小的种类之一，它们的毒液（毒白蛋白）是一种神经毒素，能对猎物或人的神经末梢产生毁灭性的破坏。尽管如此，黑寡妇蜘蛛却只有在受到攻击的时候才会噬咬。巴西游走蛛是极具攻击性的蜘蛛之一，它们的个体很大，毒液会快速发生反应，能在 15 分钟内杀死大部分猎物。

30种

这是其毒液能对人产生危害的蜘蛛种数。

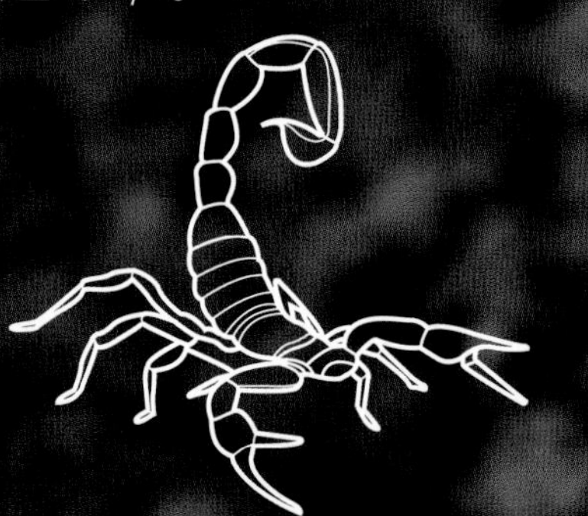

1 发现猎物
蝎子不会主动寻找猎物，它要么等猎物送上门来，要么捕食在途中遇到的猎物。

2 接近猎物
蝎子把自己身体的前部对准猎物，走到距离它们 5~10 厘米处。在攻击前，它会放低两只钳子。

须肢

螯肢
由于白额高脚蛛没有颚部，因此它们在进食时只能用螯肢来困住猎物。它们的螯肢在交配时也能派上用场。

白额高脚蛛
（*Heteropoda venatoria*）

毒液的成分
蜘蛛的毒液是一种混合物，主要成分是钾盐、消化酶和多肽。钾可以改变神经系统的电平衡，麻痹中毒者。多肽能使心肌停止工作，也能攻击神经系统，造成肺部水肿。

毒刺
位于尾部末端。

后腹部
尾部

毒腺
毒腺的分泌物通过管道与毒刺的开口相连。

肌肉

蝎子如何使用螯针

蝎子的毒腺和毒刺末端是由 2 条导管连接起来的。当蝎子螯针刺入对方身体时，肌肉挤压毒腺，把毒液挤出毒刺注入伤口。在这个过程中，蝎子会掌握好毒液的注射量，因为注射后毒液不能马上再次生成，如果一次都注射完，且注射失败，将是很危险的。

蝎子

蝎目分为 6 个总科，其中较为著名的是钳蝎科，最危险、毒性最强的蝎子都是这个科的。蝎子扁平的身体可以让它们藏在石头、树皮或各种碎片之下。蝎子是夜行性动物，同类相残是家常便饭，特别是在交配之后。世界上极少数没有蝎子的地方是南极洲和格陵兰岛。

亚利桑那沙漠金蝎
(*Hadrurus arizonensis*)

前腹部

头胸部

中眼

梳状板
这个结构是由很多物理感觉器和化学感觉器组成的。

捕捉和螫刺

蝎子的须肢上长着很多细长的感觉毛，这些毛可以感觉到空气的振动。蝎子凭借它们可以察觉到猎物和天敌的存在，及时逃离危险。

3 攻击猎物
当蝎子接近猎物后，它就围着猎物走动，将其抓住，然后用须肢紧紧控制住它们。

4 使用螯针
如果猎物剧烈抗拒，蝎子就会用毒刺把毒液注入猎物体内，直到它们死亡。

须肢

钳子

昆虫和多足动物

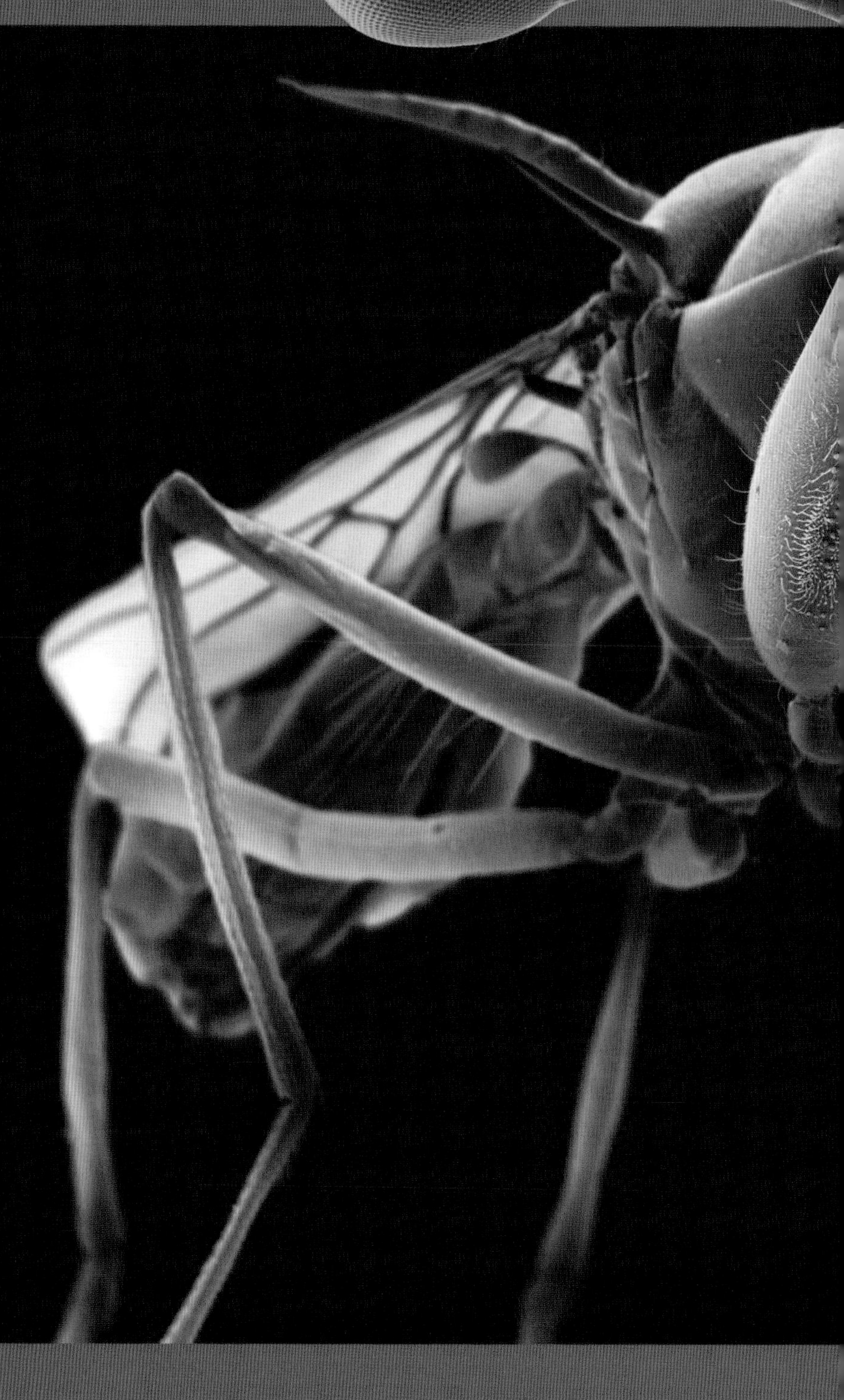

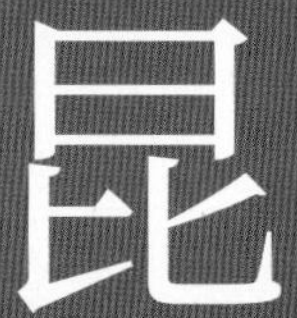

昆虫是节肢动物中数量最多的类群。大部分昆虫繁殖能力很强，有些可以适应各种各样的环境。盔甲般的外骨骼保护着它们的身体。科学家们普遍认为，节肢动物是能在核冬天存活的生物之一。它们高度发达的感觉器官使其变成了“千里眼”和“顺风耳”。世界上已知的昆虫

独特的视觉
这种热带昆虫（突眼蝇）的眼睛伸到了身体的两侧，使其视野非常广阔。

超过 100 万种，这样惊人的物种多样性也证明了它们的演化是十分成功的。成功的一部分原因是它们体形小，比大型动物所需的食物少，同时拥有非常发达的运动方式，使它们可以躲避食肉动物的捕食。●

成功的秘诀

灵敏的触角，可用来咀嚼、切割或抓取的头部附肢，头部两侧高度发达的眼睛，其功能取决于物种的多关节的足，这些都是昆虫和多足类的共同优点。多足类只生活在陆地上，体节很多，大多每节有 1 对足；而昆虫只在胸部长有 3 对足。●

左右对称
昆虫和多足类的身体大多是左右对称的，沿着一条假想的中心线可以把它们的身体分为相同的两部分。

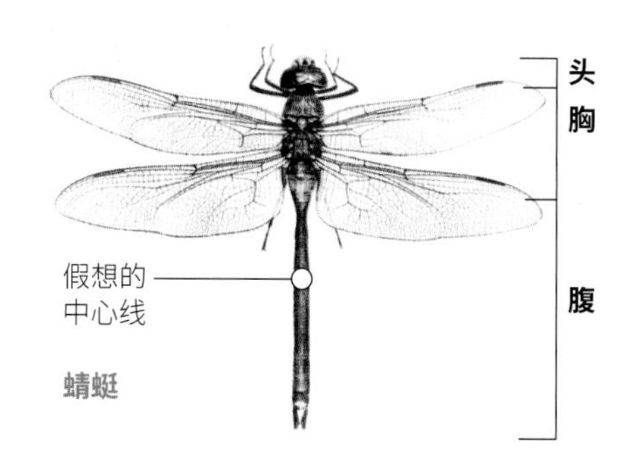

两对翅
在远古时期，有的昆虫有 3 对翅。但现在，昆虫只有 1 对或 2 对翅。蝴蝶、蜻蜓、蜜蜂、黄蜂等昆虫用 2 对翅飞行，但苍蝇等昆虫仅用其中的 1 对翅飞行。

开管式循环
管状的心脏把血淋巴（相当于血液）压入背部动脉血管，向前推送。一些附属的压缩器官则把血液送进翅脉和足中。

后翅

休息时
蜻蜓的翅平覆在背上。

肛附器
生殖器长在这里。

体段
昆虫的身体分为 3 段：头部（共 6 节），胸部（共 3 节），腹部通常 10 节）。

气门
气管的开口，很小。

已知的昆虫超过
100万种。

呼吸系统
陆栖节肢动物大多是通过气管系统来呼吸的。树枝状的微气管可以把空气中的氧输送到身体的每个细胞，同时二氧化碳被排出。

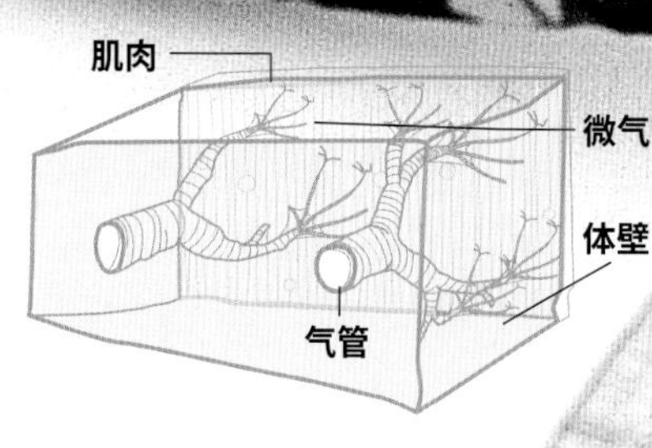

翅脉
让翅更加坚固。

足

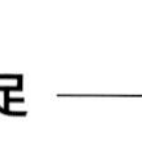

不同功能的足

图中所示节肢动物的足的形状与它们的生活方式息息相关。有些种类的足上布满了触觉和味觉感受器。

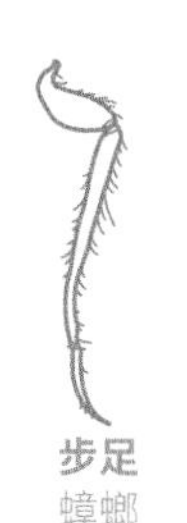
步足
蟑螂

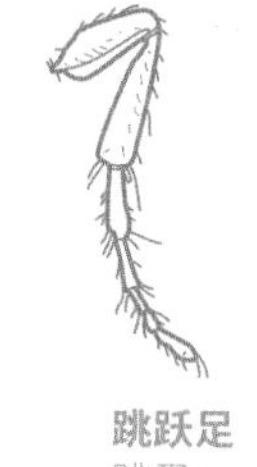
跳跃足
跳蚤

游泳足
水生甲虫

携粉足
蜜蜂

百足之虫

唇足纲（大部分是食肉动物，如蜈蚣）和倍足纲（如马陆）都被称为多足类，它们并非昆虫。它们的运动模式既复杂又高效。

感觉和交流

触角是重要的感觉器官，里面包含了线状或片状的感觉细胞。触角可以感知形状、大小、声音、温度、湿度和气味。昆虫之间使用触角来沟通。

口器

不同的昆虫有不同的口器，有的用来咀嚼，有的用来舔舐，有的用来吸吮，有的用来咬啮。甲虫（鞘翅目）钳状的口器上还长着感觉器官。

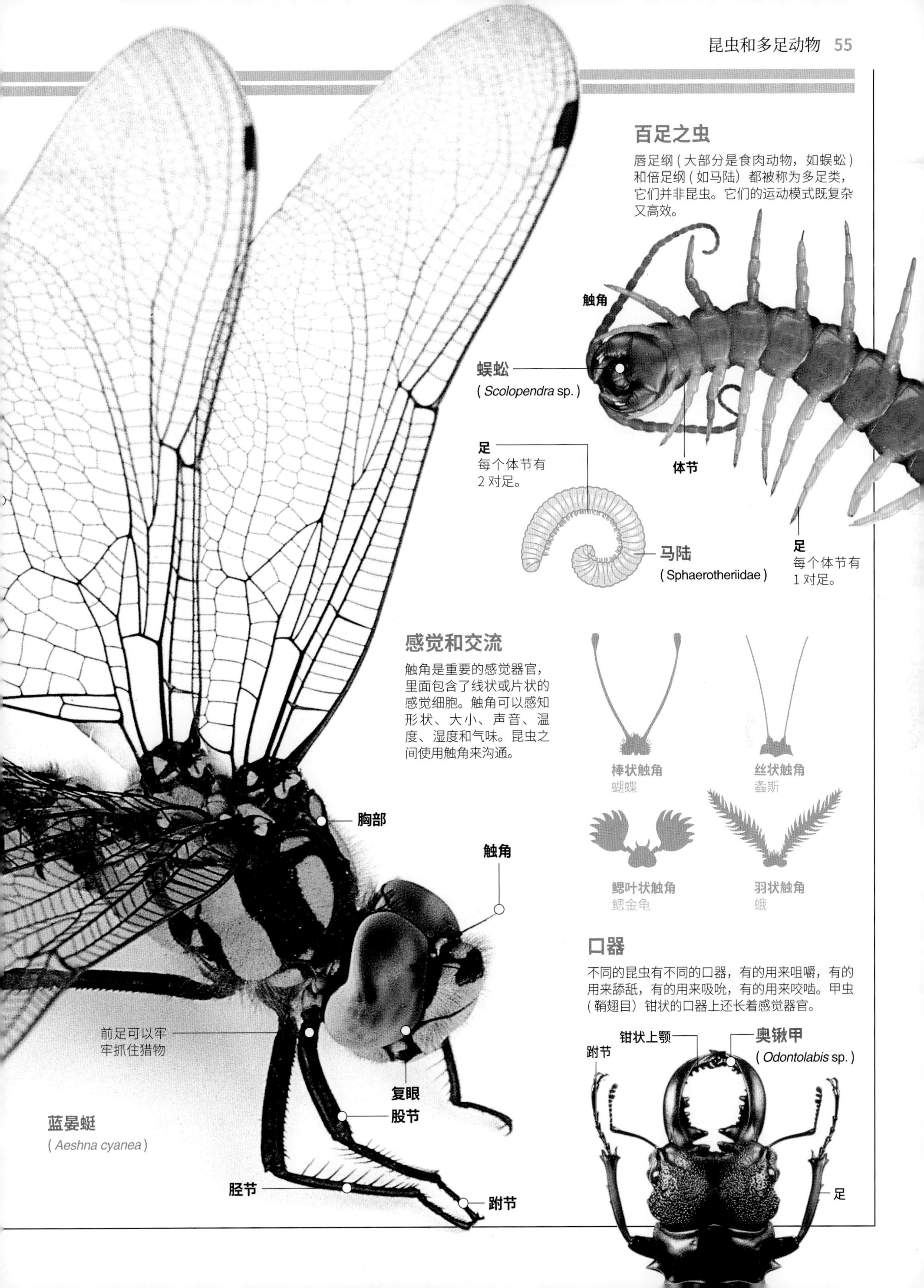

一双慧眼

正如没有色觉的人难以理解什么是色彩一样，人类也不可能体会到昆虫用复眼看到的世界。复眼是由成千上万只小眼组成的，每只小眼都直接与大脑相连。科学家认为，昆虫的大脑能把每只小眼接收到的图像拼在一起，使它们能够察觉到任何方向的风吹草动，甚至是正后方。

视野

苍蝇的小眼呈环状排列，每只小眼只能看到整个视野中的一部分区域。这种复眼可能无法形成高清晰度的图像，但是对运动的物体却高度敏感，即使最轻微的运动也能造成小眼之间的感觉传递，这就是我们很难抓到苍蝇的原因。

果蝇
（*Drosophila* sp.）

触角

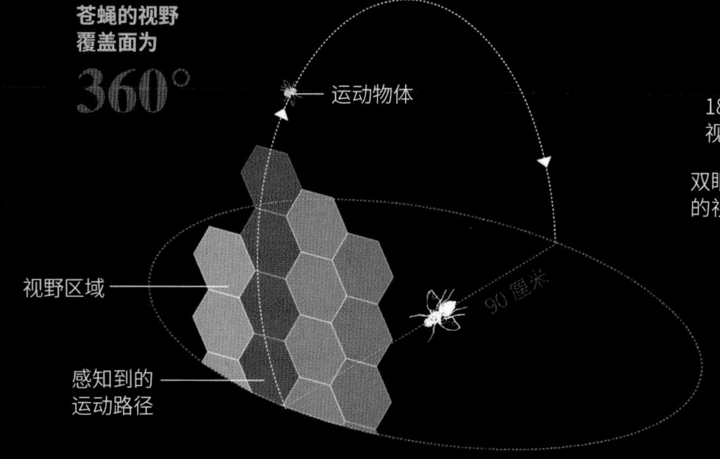

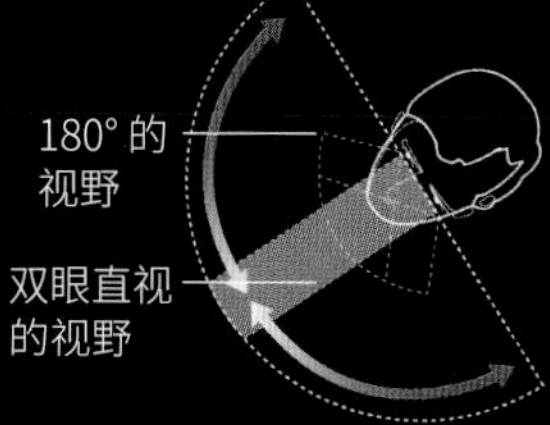

口器
果蝇的口器适合舔舐和吮吸。

蜜蜂的视觉

蜜蜂的复眼是由许多小眼组成的，但和人类相比，它们都是近视眼。在它们眼里，近在咫尺的物体也是模糊的。

人类
其双眼视觉看到的景象平坦而未失真。

蜜蜂
看到的视野更大，但是图像变得狭窄。

目标：花蜜

工蜂对人眼看不到的紫外光线特别敏感，可以帮助它们找到花里面的花蜜。

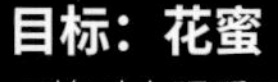

千眼合一

每只小眼只负责接受整个视野中的一小部分影像。每个感杆束周围的色素细胞可根据接收的光线类型改变其直径，调节整个复眼的敏感度。

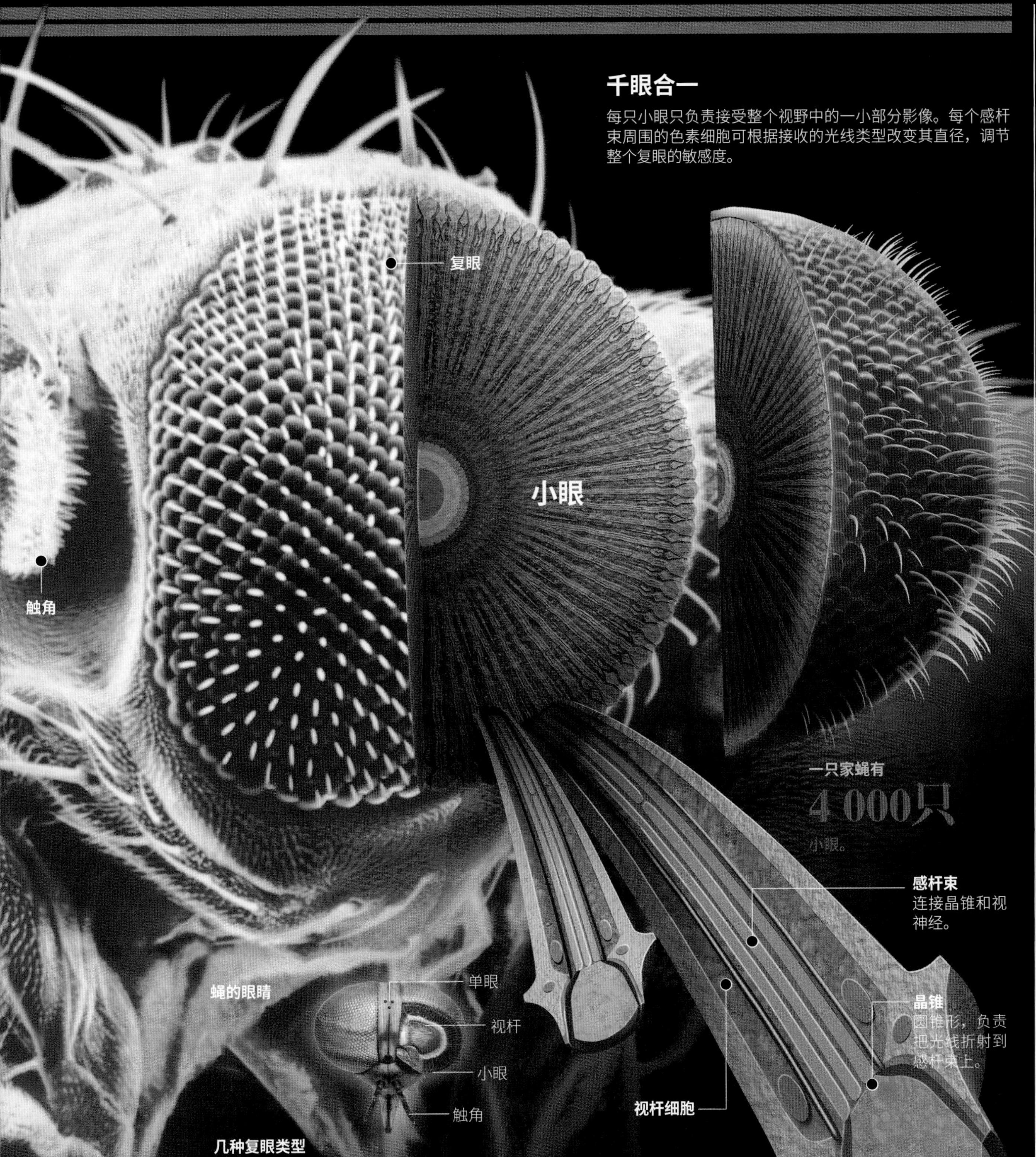

复眼

小眼

触角

一只家蝇有

4 000只

小眼。

感杆束
连接晶锥和视神经。

晶锥
圆锥形，负责把光线折射到感杆束上。

视杆细胞

色素细胞

角膜
呈六角形，以便与复眼的其他部分完美拼合。

蝇的眼睛

单眼

视杆

小眼

触角

几种复眼类型

保护型复眼
寄生蝇的眼睛被一种组织盖住，起保护作用。

全视野复眼
某些蜻蜓拥有全方位的球形视野。

“计算器”复眼
这种常见的蓝色豆娘会用复眼来计算距离。

不同类别的口器

昆虫的嘴不是一个简单的开口，而是它们身体上最复杂的器官之一。昆虫祖先的口器非常简单，但经过长时间的演化出了各种形态，能够适应多种多样的食物，这大大丰富了昆虫的食谱。不同的昆虫其口器也不相同，例如，捕食性昆虫的口器、吸食液体的昆虫的口器、植食性昆虫的口器就各不相同。●

触角

蝗虫
属蝗科。自古以来，蝗虫就是农作物的大敌。

1天
蝗虫1天之内能够吃掉相当于自己体重的食物。

按需定制

在漫长的岁月里，原始昆虫口部的附肢发生了很大的变化，不同的物种演化出不同的形态。头部的一对附肢演变成下颚，用来把持或吸食食物；头部的另一对附肢左右长合在一起，成为唇，不同食性的昆虫的唇有不同的功能；上颚和下颚在口的两边，上唇在口的前方保护口。这些部件构成了基本的咀嚼装置。在更高级的口器中，这些部件演变为适合舔吸或嚼吸的结构。

咀嚼式口器

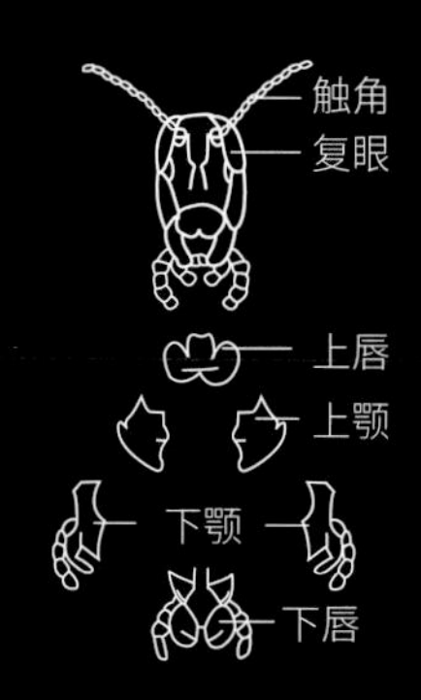

蝗虫

拥有强大的上颚和灵活下颚。

嚼吸式口器

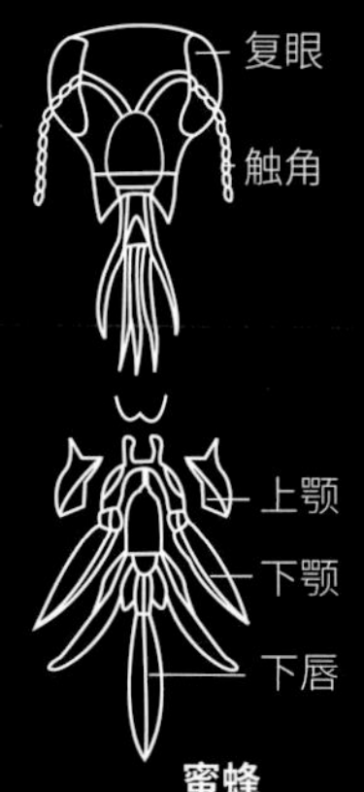

蜜蜂

颚和下唇联合成吸管，能够吮吸花蜜，上颚用来咀嚼花粉和蜂蜡。

虹吸式口器

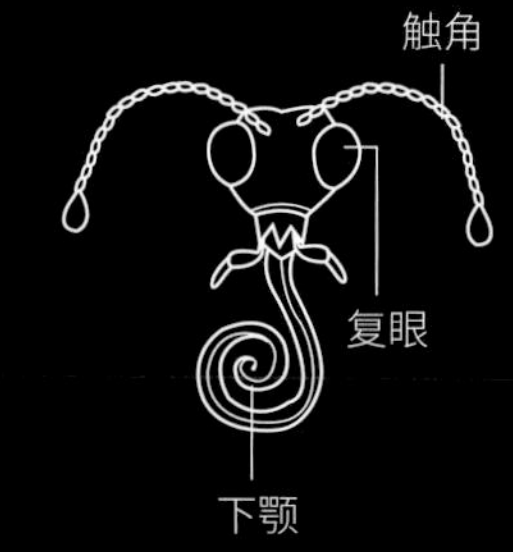

蝴蝶

上唇极小，上颚退化，下颚的外颚叶变成了长长的吸管。

刺吸式口器

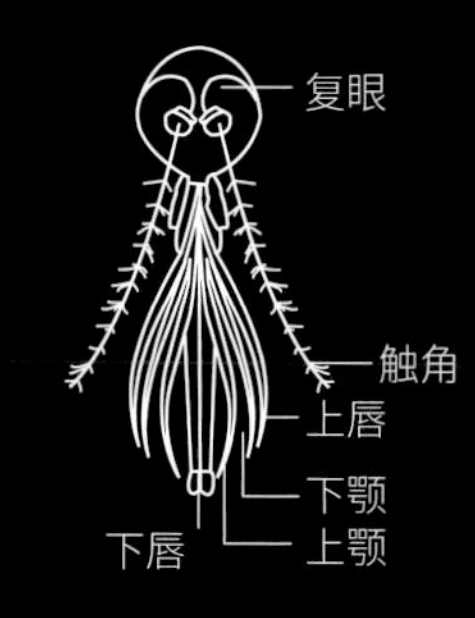

蚊子（雌性）

下唇延长成喙，上、下颚都特化成针状，适于刺入皮肤吸取血液。

食叶昆虫

蝗虫、叶甲、毛虫和很多昆虫的幼虫都需要把叶子割成小片来取食，所以它们巨大的上颚具有很多小锯齿，而下颚和下唇上有很多用来握持和引导食物的触须。

七星瓢虫
（*Coccinella septempunctata*）
以蚜虫、木虱和白蛉为食。

食肉昆虫

它们把自己的上、下颚当成钳子来夹住猎物。

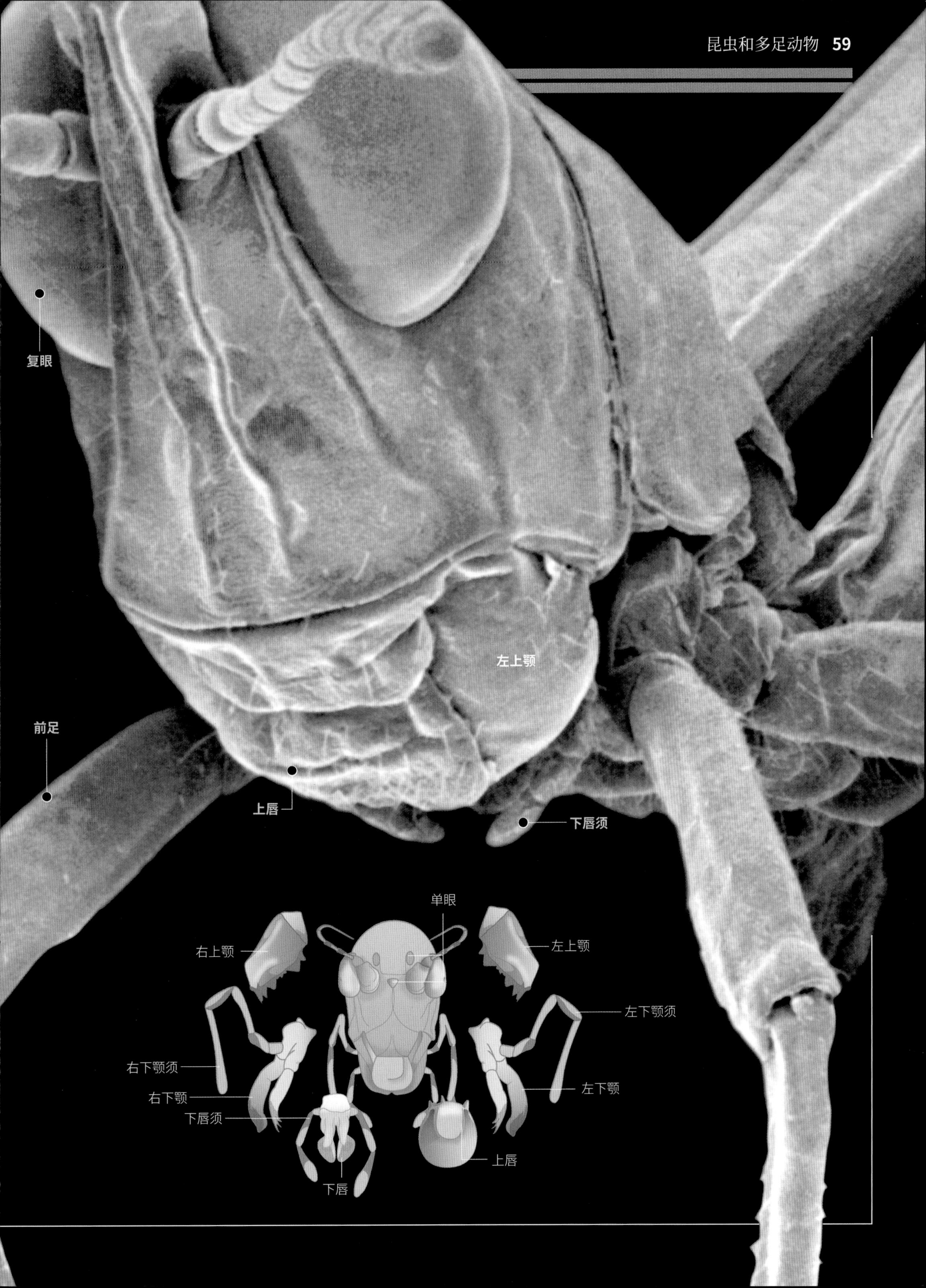
复眼
左上颚
前足
上唇
下唇须
单眼
右上颚
左上颚
左下颚须
右下颚须
右下颚
左下颚
下唇须
上唇
下唇

刺和吸

许多昆虫的口器已经从最原始的咀嚼式演化成了其他的形式，从而扩大了它们的食谱。例如，蚊子可以用它们那超级复杂的口器刺透动物的皮肤，吸取血液；苍蝇的口器使它们在体外就可以开始消化固体食物。还有很多昆虫的口器只能用来吸取液体。

形状

用于穿刺

用于吮吸

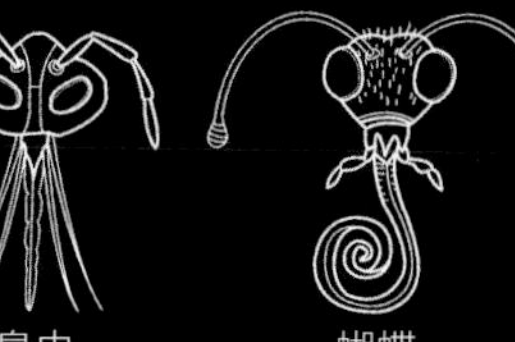

臭虫

蝴蝶

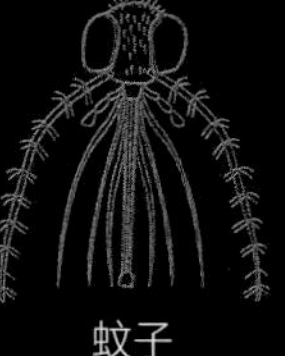

蚊子

苍蝇

蝴蝶

下颚变成了可以盘卷的喙，以花蜜之类的液体为食。

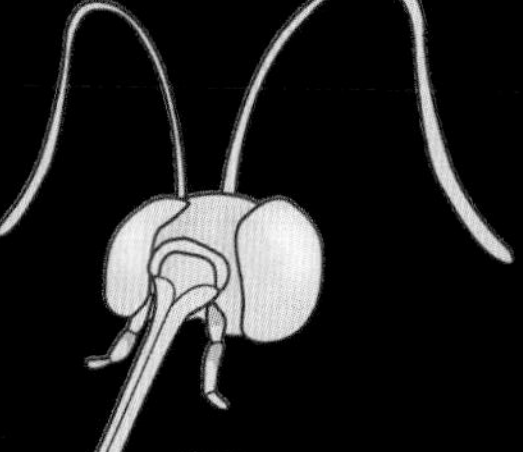

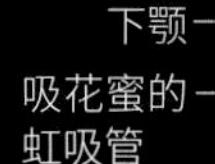

虹吸式口器剖面图

苍蝇

取食柔软、潮湿的食物。它们会从嘴里吐出消化酶，把固体食物液化，然后吸吮。

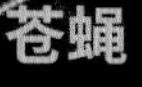

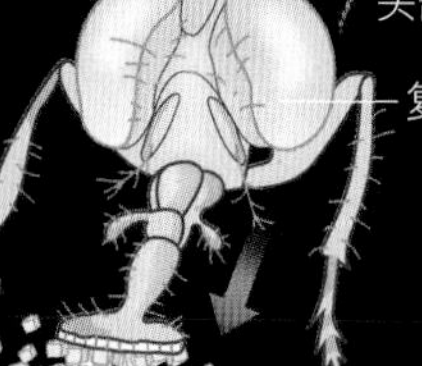

1 润湿
首先，苍蝇会把唾液和消化液吐在食物上润湿并软化食物。

2 “做汤”
此类消化液能把固体食物分解，使其变成部分已消化的“食物汤”。

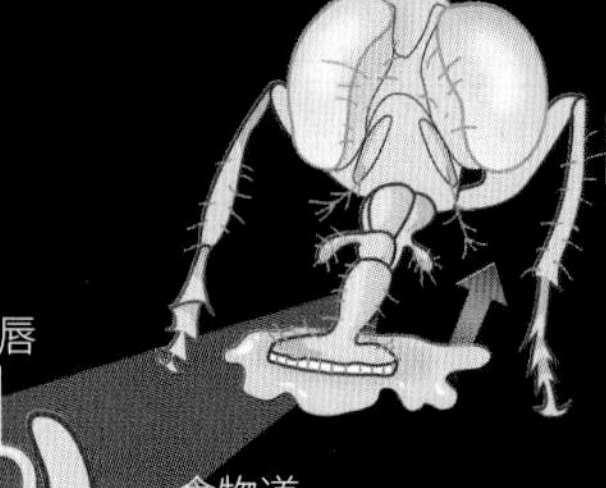

3 吮吸
食物完全液化后，苍蝇就用自己的舐吸式口器把“汤”喝掉。

口针
是灵活的“针头”，用来穿刺和固定。

唇舌
内有 1 根吸管和 1 条唾道。

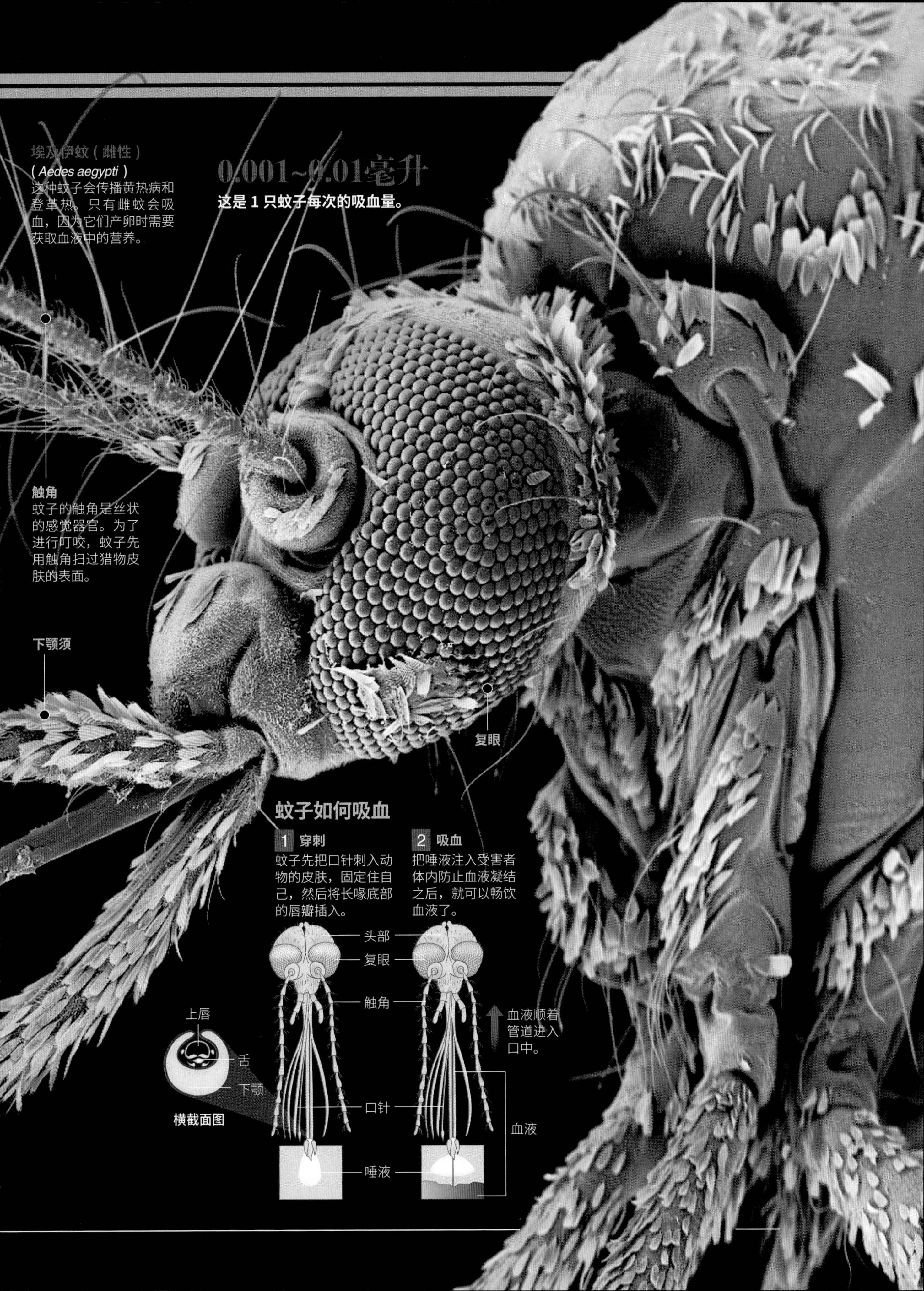
埃及伊蚊（雌性）
（*Aedes aegypti*）
这种蚊子会传播黄热病和登革热。只有雌蚊会吸血，因为它们产卵时需要获取血液中的营养。
0.001~0.01毫升
这是1只蚊子每次的吸血量。
触角
蚊子的触角是丝状的感觉器官。为了进行叮咬，蚊子先用触角扫过猎物皮肤的表面。
下颚须
复眼
蚊子如何吸血
1 穿刺
蚊子先把口针刺入动物的皮肤，固定住自己，然后将长喙底部的唇瓣插入。
2 吸血
把唾液注入受害者体内防止血液凝结之后，就可以畅饮血液了。
头部
复眼
触角
血液顺着管道进入口中。
上唇
舌
下颚
横截面图
口针
血液
唾液

杰出的爬行者

顾名思义，多足类的足很多，这个类群包括唇足纲（如蜈蚣）和倍足纲（如马陆），它们的身体都分为许多体节。唇足纲大部分是食肉动物，每 1 体节有 1 对足；倍足纲每 1 体节有 2 对足。这些无脊椎动物不是昆虫，因为它们的步足比昆虫多得多。为了协调这么多只足，它们拥有一套遵循数学原理的高度精密的同步机制。●

应用数学大师

陆栖昆虫在行走时会协调地移动 6 只足，它们总是保持一侧的前足、后足和另一侧的中足踏在地上，形成稳定的三角形架构。多足类也有类似的机制，但要比这复杂得多，因为它们的足更多。每只足都有几个关节，但不能独立地使虫体移动。它们分节的身体会呈波动式的左右摆动前进，足也跟着波动状运动，从而推动身体前进。

千足虫

马陆又叫千足虫，是倍足纲陆生无脊椎动物，其身体的体节非常多，每个体节上有 2 对足。它们住在阴暗潮湿的地方，以腐殖质为食，有 1 对单眼、1 对触角、1 对下颚、1 对上颚，身体最长不超过 10 厘米。

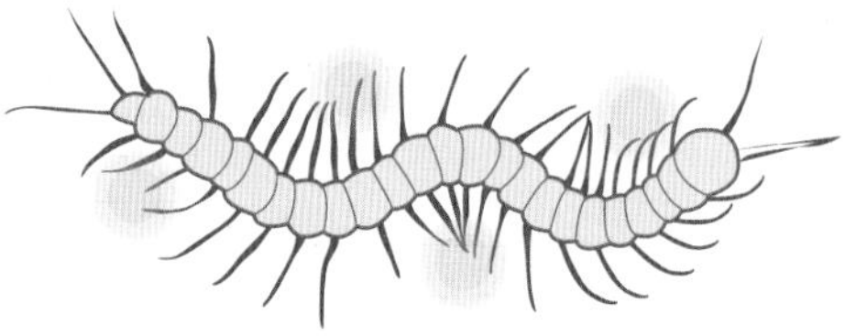

蜿蜒前进

当身体一侧的足聚到一起时，另一侧的足就会彼此分离，这种模式交替重复，遍及全身。

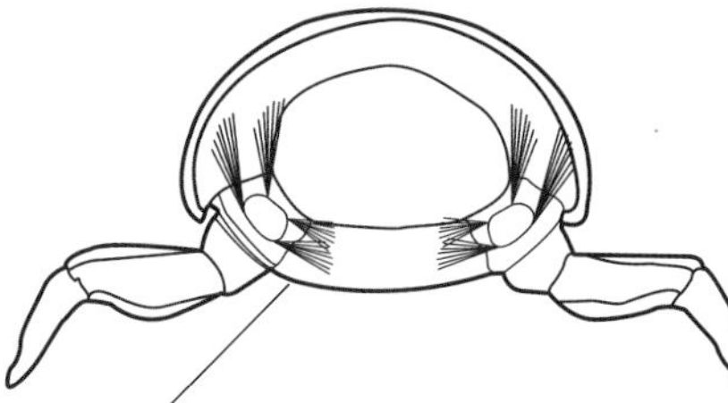

蜈蚣的一生

雌蜈蚣在春夏季产卵，小蜈蚣孵化 3 年后性成熟。它们的寿命可达 6 年。

1 好似爪子

蜈蚣的最后一对足平时几乎是伸直垂在后面的。在它们用毒牙夹住猎物时，最后一对足可以缠住猎物的身体。

数量和大小

有的蜈蚣在成长过程中体节数量会不断增加，有的则是体节数恒定不变，体节尺寸增大。

捕食者

所有的蜈蚣都是肉食性的，而且几乎都是有毒的。最大的热带蜈蚣可以吃蠕虫、昆虫，甚至小型鸟类和哺乳动物。

步足
常言道，蜈蚣是“百足之虫”，其实它们的足可能不止100只，其步足有从15对到191对不等。

毒腺
位于蜈蚣的头部，呈囊状。平时储存着毒液，可以随时使用。

肌肉和神经
形成了一个精密的系统，使蜈蚣可以自如地挤压颚肢，通过内部的管道注射毒液。

颚肢
这是1对特化的附肢，位于口部和第一对步足之间，里面含有毒液。

触角
只有1对，是分节的附肢，一般比身体短。

唇足纲

蜈蚣使用毒液来捕食小型无脊椎动物。毒液产自头部附近的毒腺，通过颚肢前端的开口排出体外。当邻近的神经节向颚足肌肉发出指令时，毒液注射机制启动，通过颚肢内部的毒腺管将毒液注入猎物体内。除了少数种类之外，大部分蜈蚣的毒液对人无害，但被它们咬到还是会造成局部的疼痛。

蜈蚣

蜈蚣的身体又长又扁，覆盖着几丁质的外壳，躯干上的每个体节都长有1对足。它们生活在陆地上，几乎全部种类都是食肉的，其中很多有毒。蜈蚣的头上有2只眼，每只眼都由几只小眼睛聚合而成。头部还有1对触角、1对上颚、1对或2对下颚。它们最小的只有4毫米长，最大的能长到30厘米。

1 小恶魔
像图中这样一只澳大利亚蜈蚣，虽然体长只有12.5厘米，但却能毒死一条狗，也能让被咬的人一周卧床不起。

2 粉碎机
地蜈蚣黄色的身体特别长，有31~181对足，最后1对拖在身体后面。它们捕食的时候会扑在猎物的身上将其撕碎。

蜈蚣目

地中海黄脚蜈蚣（*Scolopendra cingulata*）

平均尺寸	10厘米
最大尺寸	30厘米
节数	21节

2 致命武器
抓住猎物后，蜈蚣会给它双重打击：先用颚肢紧紧钳住猎物，再通过颚肢尖端的开口把毒液注入猎物体内。

惊人一跃

跳蚤以惊人的弹跳力而闻名。成年跳蚤体形很小且没有翅，却能通过跳跃的方式寻找食物。它们主要以哺乳动物的血液为食，一般寄生在哺乳动物和鸟类的身上，所以我们能在日常生活中见到它们。跳蚤通常咬破寄主的皮肤，吸食皮肤里流通循环的血液。

跳蚤可以不吃不喝存活

3个月。

超级蛋白

跳蚤的弹跳能力和节肢弹性蛋白有关，这种蛋白质弹性非常强，就像橡胶一样。它可以让跳蚤的跳跃足充满张力，在跳跃时释放出集聚的能量。有时，跳蚤没有成功地跳上寄主的身体，但这并不代表着失败，因为在它们下落时会让节肢弹性蛋白积攒更多的能量，落地后会反弹得更高。

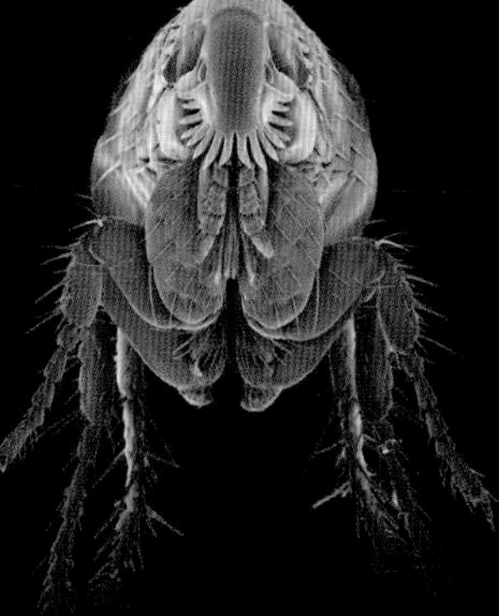

家里的跳蚤

跳蚤是家中狗、猫身上常见的寄生虫，它们会伤害这些动物的皮肤，使它们烦躁不安。

2 起跳

跳蚤的胸部肌肉和腿部肌肉绷得紧紧的，积攒能量。当累积的能量达到一定程度时，跳蚤把后足突然放开，猛地跳起。

跳跃足

该足比别的昆虫多了上端肢节，这可以使它们的跳跃速度更快。

1 准备

跳蚤准备起跳的时间只有1/10秒。它们挤压自己的节肢弹性蛋白，并缩起后足，后足可以保持肌肉紧张，以积攒能量。

关键步骤

1. 基节中的肌肉收缩，产生巨大的张力。体壁可以抵挡这种压力。
2. 跳跃一旦开始，在千分之一秒内，跳跃的方向和强度都由腿部的肌肉和关节决定。

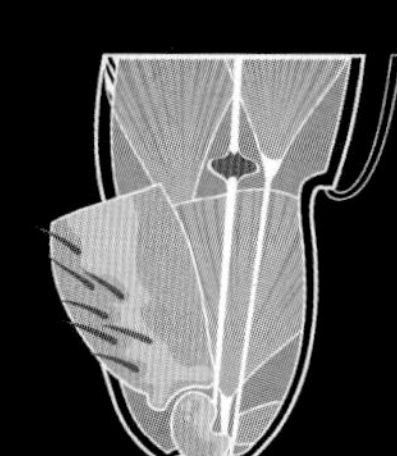

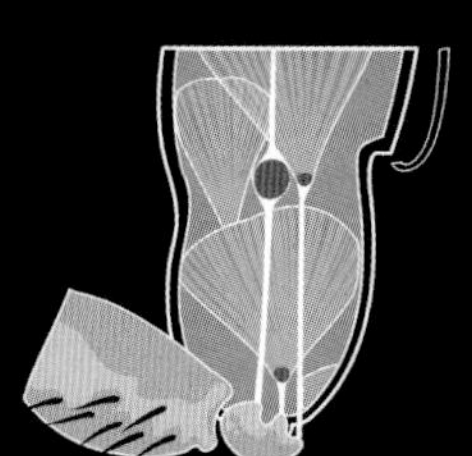

跳高家族

跳蚤属于昆虫纲蚤目，是完全变态昆虫。它们没有翅膀，靠寄生生活，其口器为刺吸式。它们共有 16 个科，包括寄生在狗和猫身上的犬栉首蚤和猫栉首蚤，以及侵扰家鸡的禽角叶蚤。

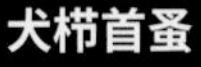

犬栉首蚤
(*Ctenocephalides canis*)
狗身上 90% 的跳蚤都是这种跳蚤。

人蚤
(*Pulex irritans*)
以人血为生。和其他蚤类不一样，人蚤不会一直待在寄主身上。

200倍
这是跳蚤跳跃的距离相当于它体长的倍数。

3 “飞行”中

跳蚤一下能跳出 60 厘米远，它们的身体被盔甲般的外骨骼有效地保护着。在一系列的跳跃中，跳蚤可以其背部或头部落地，不用担心被摔伤。

幼虫
卵
完全变态
跳蚤是完全变态昆虫，它们的生命历程需要经过复杂的变化。
蛹
成虫

生活史

跳蚤从卵到成虫的完整生活周期需要 2~8 个月，该周期的长短因种类、温度、湿度、环境和食物的不同而定。一般来说，雌虫吸血之后，每天会产 20 个卵，一生约产 600 个卵。卵一般产在寄主的身上，如狗、猫、兔、小鼠、大鼠、负鼠和人等。

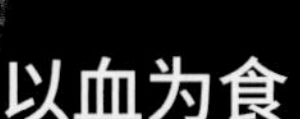

以血为食

在温血动物的寄生虫中，跳蚤被列为“食血昆虫”。成虫吸食寄主的血液，将里面的营养成分转化成自己的，雌性更是用血液中的养分来孕育体内的卵。成虫排出的血液残渣还可以作为幼虫的食物。

1 2 只前足对取食很重要，跳蚤在吸血前会用前足把自己固定在寄主身上。

2 在插入口针时，跳蚤会注入一种物质，这种物质让寄主瘙痒难忍，却可以在跳蚤吸食血液的过程中防止血液凝结。

跳蚤和人比跳高
跳蚤跳跃的距离相当于它们体长的200倍。以此类推，一个身高超过 1.8 米的人要想追平跳蚤的成绩，必须跳过一座 130 层的大楼。

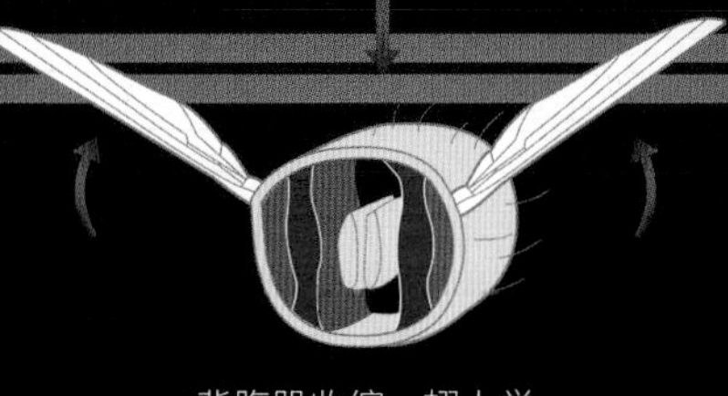

飞行的艺术

昆虫最基本的一个适应性特征就是会飞。大多数昆虫有 2 对翅，甲虫（鞘翅目）用后翅飞行，用前翅来保护后翅。例如，瓢虫看起来又圆又鼓，其实鞘翅下大部分不是肉，而是一套精密的飞行系统，它使这种益虫成了杰出的猎手。

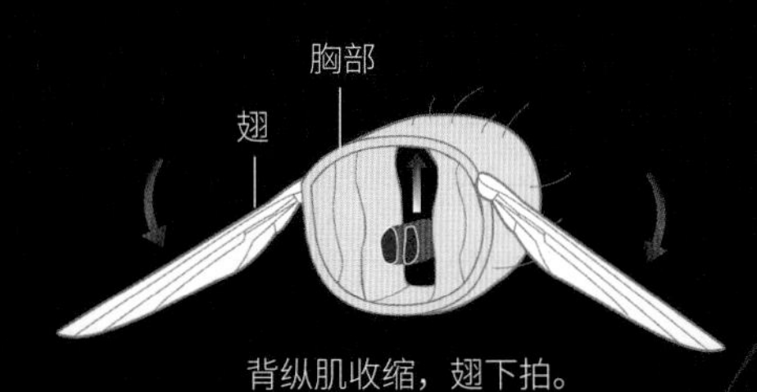

会飞的“花大姐”

世界上有 5 000 余种瓢虫，它们的颜色很鲜艳，在红色、黄色或橙色的底色上长着黑色的斑点，这些鲜艳的颜色通常代表有毒，用来恐吓天敌。实际上，一些瓢虫对于小动物（蜥蜴、小鸟）来说的确是有毒的。瓢虫可以捕食农业上的大害虫——蚜虫和介壳虫，所以它们经常被用作生物防治的天敌昆虫。

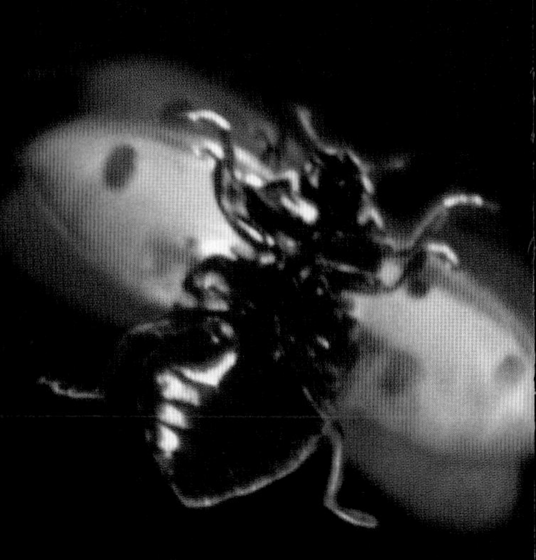

3 飞行

鞘翅像机翼一样展开之后，后翅就开始自由地扇动了。翅基部的肌肉可以控制飞行的方向。

2 起飞

虽然美丽的鞘翅不是用来飞行的，但瓢虫还是要把它展开，以便伸出后翅。后翅只有在飞行的时候才会展露出来。

抬起的鞘翅

准备飞行的后翅

瓢虫的平均飞行速度为 0.55米/秒。

七星瓢虫
（*Coccinella septempunctata*）
由于七星瓢虫能捕食大量的害虫，古代西方人认为它们是圣母玛利亚用来帮助人类的神圣工具。

瓢虫体长为0.1~1厘米。

1 准备

鞘翅平时可以保护中胸、后胸和腹部。此时鞘翅微微张开，露出下面折叠的后翅。

鞘翅
鞘翅是甲虫特有的，由前翅演化而来。

后视图

警戒色
一般昆虫都是用保护色隐藏自己，但瓢虫反其道而行之，它们用鲜艳的色彩恐吓天敌，使其不敢靠近。

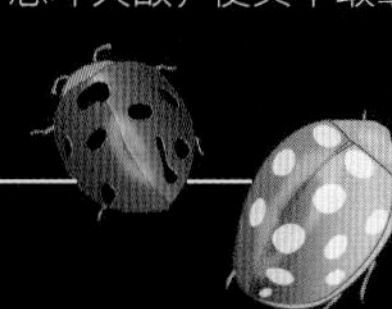

翅膀的数目
从蜻蜓到蝴蝶，大部分昆虫都有 2 对翅。但蚊子和苍蝇是少数的例外，只有 1 对翅。
蝇
1 对翅
蝴蝶
2 对翅
其他功能
虽然甲虫和其他昆虫一样有 2 对翅，但前翅和后翅的功能却不相同。
甲虫
1 对坚硬的鞘翅
1 对后翅
蝽（半翅目）
1 对半鞘翅
1 对后翅
4
降落
昆虫降低飞行速度。翅膀依旧张开，无须滑翔直接着陆。昆虫的后足可以用来保持平衡。
身体护甲
鞘翅紧贴身体。昆虫的翅膀收拢在鞘翅的下面。
瓢虫的名片：斑点
7 个斑点
七星瓢虫
（Coccinella septempunctata）
十二星瓢虫
（Coleomegilla maculata）
胸部
头部
腹部
瓢虫的起落架——足
1 后足
一直支撑着身体，直到升空的最后一刻。
2 前足
在降落前一直保持弯曲。
后翅
后翅
能够沿着翅中部的关节折叠起来。
在花朵上
瓢虫的捕食场所一般在花朵上或植物的茎上。

滑水、潜水和游泳

对于某些昆虫（如淡水中的水黾和海水中的海黾）来说，凌波微步不是天方夜谭，而是每天最平常的生活。在水面平静时，这些昆虫可以利用水的表面张力和自身的特殊构造站在水面上。但由于它们需要呼吸空气中的氧气，在感到威胁时还是会跑到陆地上。其他水生昆虫能力更强，它们能变成潜水员和游泳运动员，既可以在水下呼吸，也可以在水下运动。

活在水下

一些水生甲虫（如龙虱）拥有两种适应水生环境的特征：第一，它们的后足变成了又扁又宽的游泳足，在水中划动时加大了与水接触的面积，可以像桨一样推动虫体前进；第二，鞘翅下面可以储存空气，以便在水下呼吸时使用。这些甲虫都是静水环境中主要的捕食者，其中龙虱的体长可达 4 厘米。

龙虱升到水面，把空气装进鞘翅下面的空腔里。

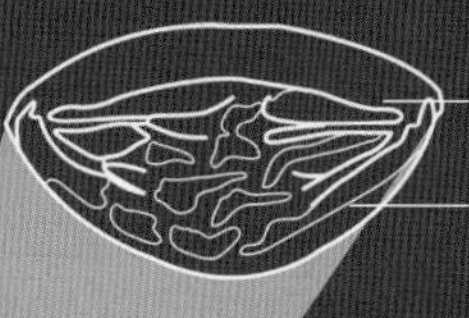

空气

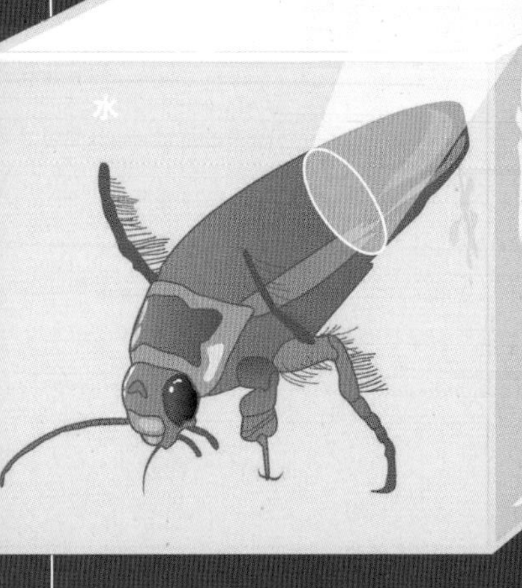

黄边龙虱
(*Dytiscus marginalis*)

游泳足
足上的一系列刚毛扩大了足与水面接触的面积。

向前划动时，刚毛合拢，足的表面积减小。

向后划动时，刚毛张开，足的表面积增大。

活在水上

一直以来人们都认为，黾蝽科的昆虫能浮在水面上是因为它们的脚上有分泌的蜡质。但最近的研究表明，这是因为它们的脚上长着大量的微绒毛，这些绒毛的粗细只有人类毛发的1/30，毛和毛之间可以困住很小的气泡，这些气泡形成了一层气垫，可以防止足被弄湿。如果足开始下沉，它们就像浮筒一样能防止下沉。

一种黾蝽
(*Neogerris hesione*)
生活在淡水水体的水面，长 1.3 厘米。

中足
用来像溜冰鞋一样在水面滑行。

触角

前足
比其他 2 对足都要短，用来捕捉猎物。

短短的前足

后足
为黾蝽在水面划动提供力量。

黾蝽属于半翅目异翅亚目，这个亚目的特征是前翅为半鞘翅，即翅的前半部分是单质，后半部分是膜质。

腹部

胸部

头部

1.5米/秒
这是黾蝽的平均滑行速度。

中后足呈放射状踩在水面上，有效地分散了体重。

水的表面张力能承受黾蝽
15倍
的重量。

轻功水上漂

黾蝽踩在水面上时，足张得很开，每个接触点都分担了一部分体重，这样它就轻松地支撑起身体，如同踩在弹性薄膜上一样。

图例
x 水面的支撑点

空气

1 2 3 4 5 6

水

表面张力

液体分子间的引力使它们彼此聚集在一起，可以顶住一部分施加于表面的压力。

每个水分子向周围所有方向施加压力。

黾蝽的足和水面的夹角是 167°。

中足是3对足里最长的。

变 态

变态是昆虫在生长过程中改变形态的现象，大致分两类：不完全变态和完全变态。蜻蜓、蝗虫等昆虫属于不完全变态，君主斑蝶等属于完全变态。完全变态的特点是昆虫要经过一个不吃不动的静止阶段——蛹期。在这个阶段，它们会通过激素的作用在蛹壳里发生翻天覆地的变化。●

1 生命的开始：卵

成年雌蝶把卵产在叶片上，在这里卵可以得到保护。君主斑蝶的卵长得像个小桶，呈灰白色至奶油色，直径 2 毫米。幼虫在卵内静静发育直到孵化，孵化后，它们会吃掉自己的卵壳。

交配和产卵

君主斑蝶可以从下午一直交配到第二天早上，长达 16 个小时。雌蝶第一次交配后就开始产卵了。

幼虫在卵内度过

7天。

5 个龄期

君主斑蝶的幼虫是蠕虫型的，在整个幼虫期会蜕皮 5 次。每次蜕皮后幼虫会长大一些，但是内里的结构没有变化。

孵化之后

幼虫的外骨骼变硬，开始取食和发育。随着长大，外骨骼会显得越来越小，幼虫就会把旧的外骨骼脱去。

变成蛹

第四次蜕皮

第二次蜕皮

第三次蜕皮

不完全变态

与完全变态不同，不完全变态没有蛹期。它们的足和翅从小就开始逐步发育，所以不需要固定时间不吃不动来发育。蝗虫、蟑螂、白蚁和蜻蜓都属于这种变态类型。从进化的角度看，这是比较原始的变态类型。它们的另一个特点是若虫（不完全变态的幼体称为若虫或稚虫，完全变态的幼体称为幼虫）长得很像成虫，随着生长，若虫会越来越像成虫。在最后一次蜕皮后，若虫就变成了成虫。

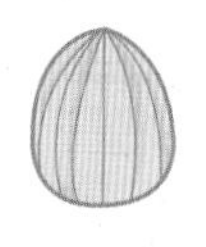

1 卵

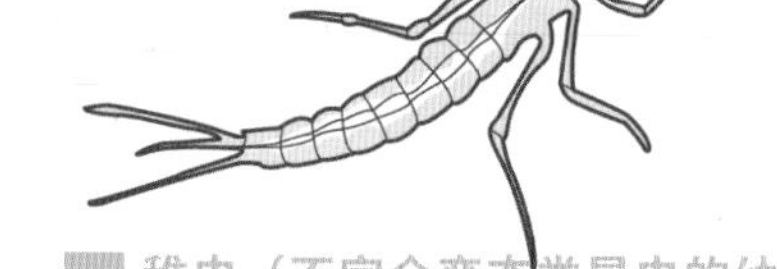

2 稚虫（不完全变态类昆虫的幼体，水生，与成虫形态差异较大）

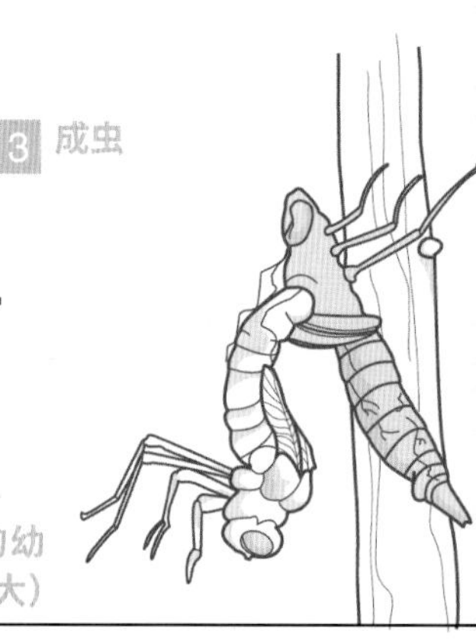

3 成虫

2

幼虫

吃掉自己的卵壳之后，幼虫就走进了这个世界。此后，它的主要活动是进食和长身体。每次蜕皮时，旧壳破裂，露出柔软的新皮。之后，皱褶的新皮不断被血液压力撑开，再经过一系列化学反应后变硬。

君主斑蝶的幼虫期为

3周。

简单的任务

幼虫最重要的任务就是“吃”，它们通过这种方式积累变态所需要的能量。毛虫用来消化叶片的消化道十分简单。

预蛹期

化蛹前，幼虫停止进食，排出消化道内所有的残余食物。使昆虫保持幼年形态的保幼激素在此时受到抑制。

悬丝

毛虫会在植物的茎秆上吐出一个丝垫，再把腹部末端的钩挂在丝垫上。

悬挂和固定

为了告别幼虫期变成蛹，毛虫在这里静静地等候。

外骨骼

布满黄色、黑色和白色的条纹，在每次刚蜕皮时很软，很快就会变硬。蜕皮时，头部首先破皮而出。

和过去告别

幼虫的最后一层外骨骼脱落，露出了一层浅绿色的组织，该组织随后会形成蛹壳。

幼虫的内部

昆虫的心脏、神经系统和呼吸系统在幼虫阶段几乎完全发育成熟，长成成虫后也少有变化。但生殖系统必须在成虫期才会发育成熟。

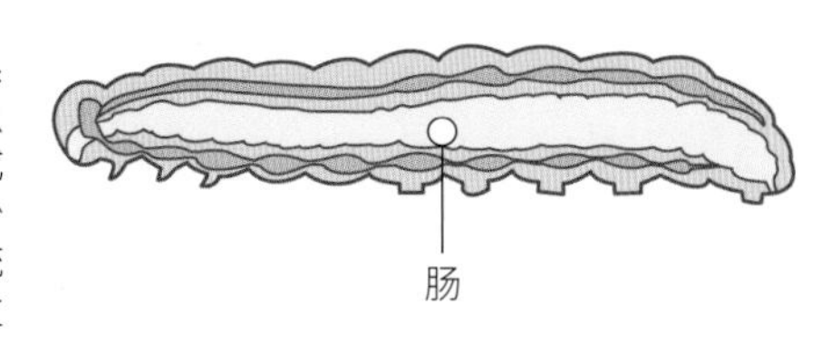

3 蛹

脱去外壳后幼虫变成了蛹，蛹挂在树上一动也不动。在蛹壳内部，毛虫逐渐变成蝴蝶的外型。虽然表面上看，蛹不吃也不动，但其内部却发生着巨大的变化。这期间，旧的组织分解重组，转化为成虫结构。

君主斑蝶的蛹期约为

15天。

变成蝶形

蝴蝶成虫的翅和足由角质层和皮肤组织发育而来，主要成分是几丁质。其他器官有的是幼虫时期的旧器官，有的是由更新的细胞重建的。

组织生成

新的组织从血淋巴（相当于血液）、马氏管（排泄和供能器官）和分解的旧组织（包括幼虫的肌肉）中产生，君主斑蝶的蛹是椭圆形的，上面有金色和黑色的斑点，这独特的颜色和结构可以用来伪装。

激素的全力运作

变态受三种激素控制：一种是促前胸腺激素，可以刺激前胸腺；第二种是前胸腺分泌的蜕皮激素，可以促进蜕皮；第三种是保幼激素，能使昆虫保持幼虫形态。

伪装

蝶蛹的形状、纹理和色彩通常会模拟树叶或鸟粪的样子，有助于躲避天敌的视线。

指日可待

随着羽化时间的临近，蛹壳变得薄而透明，透过蛹壳能看到里面发育好的成虫。

蝴蝶的解剖结构

蝴蝶的身体分为头、胸、腹三部分，其成虫的头部有4个重要结构：复眼、触角、下唇须和喙。蝴蝶的复眼由成千上万只小眼组成，每只小眼都能感知光线。2根触角和2根下唇须上面覆盖着感受器，能检测到空气中的气味分子。长长的喙由下颚特化而来，能吸食花蜜和水，在不使用时可以卷起来。胸部分为前胸、中胸和后胸3节，每节有1对足，每只足分为6节，中胸和后胸上各长了1对翅。当蝴蝶落在植物上时，它就使用足的最后1节——跗节，抓住树叶或花的表面。

内脏

在蛹壳内，幼虫的躯体逐渐转变成成虫的躯体。其肠道也变成了螺旋形，便于以后消化液体食物。成虫期必需的生殖器官也在此时开始形成。

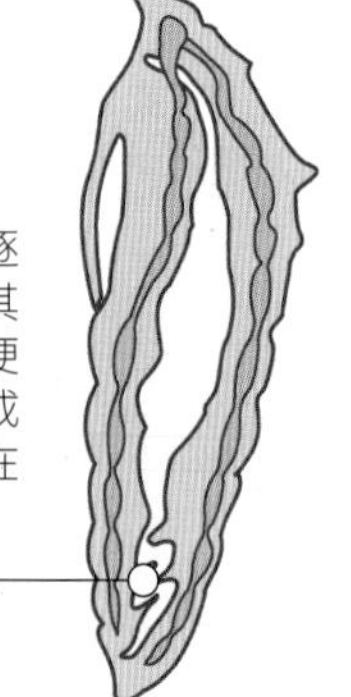

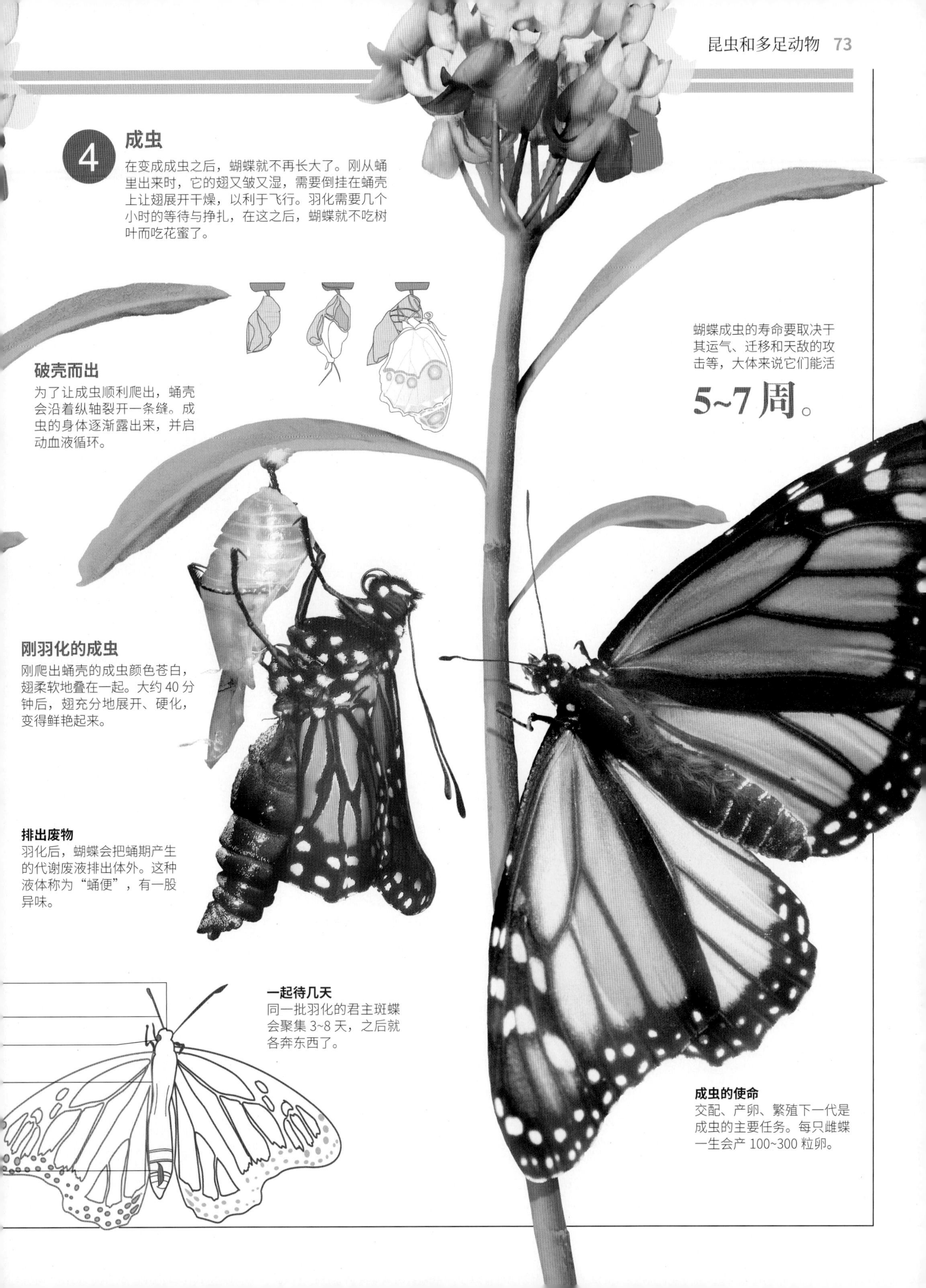

4 成虫

在变成成虫之后，蝴蝶就不再长大了。刚从蛹里出来时，它的翅又皱又湿，需要倒挂在蛹壳上让翅展开干燥，以利于飞行。羽化需要几个小时的等待与挣扎，在这之后，蝴蝶就不吃树叶而吃花蜜了。

蝴蝶成虫的寿命要取决于其运气、迁移和天敌的攻击等，大体来说它们能活

5~7 周。

破壳而出

为了让成虫顺利爬出，蛹壳会沿着纵轴裂开一条缝。成虫的身体逐渐露出来，并启动血液循环。

刚羽化的成虫

刚爬出蛹壳的成虫颜色苍白，翅柔软地叠在一起。大约 40 分钟后，翅充分地展开、硬化，变得鲜艳起来。

排出废物

羽化后，蝴蝶会把蛹期产生的代谢废液排出体外。这种液体称为“蛹便”，有一股异味。

一起待几天

同一批羽化的君主斑蝶会聚集 3~8 天，之后就各奔东西了。

成虫的使命

交配、产卵、繁殖下一代是成虫的主要任务。每只雌蝶一生会产 100~300 粒卵。

井然有序

蚂蚁是社会性最强的昆虫之一。在蚁巢里，每个成员都有自己的工作。家族的头领是蚁后，其余所有的蚂蚁都是它的后代。在繁殖的季节，每个巢的蚁后和雄蚁都要飞到空中进行“婚飞”交配。蚁后需要交配好几次，因为它要把精子储存起来，以供此后一生的繁殖所用。●

建立蚁巢

交配后，蚁后的翅脱落，并选择一个合适的地方开始产卵。起初，它靠消耗翅肌和体内的一些卵来维持生命，等到第一批工蚁出生后，寻找食物、扩建蚁巢的任务就由它们来担任，蚁后就开始一心一意地产卵了。

交流

蚂蚁的听觉不发达，但能通过触角上的化学感受器来交流。感受器可以捕捉某些物质粒子（信息素），使蚂蚁能够认出同一窝的另一只蚂蚁。

变态

蚁卵起初和蚁后共处一室，等到变成幼虫后就被工蚁叼走了，工蚁会照顾幼虫。之后幼虫会化蛹。

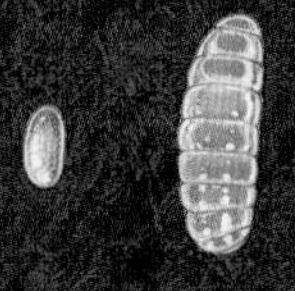

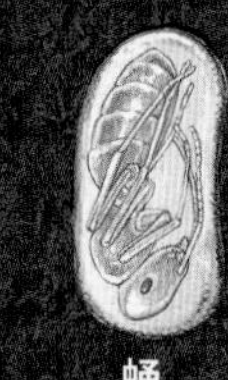

卵　幼虫　蛹

世界上约有

10 000种

蚂蚁。

等级

每只蚂蚁都在蚁巢中扮演一定的角色，而且这些角色在出生时就已经确定了。雄蚁、兵蚁、工蚁、贮蜜蚁（肚子里装满了花蜜，用作“蜜罐”）等不同等级的蚂蚁负责不同的工作。

蚁后
蚁群中最大的蚂蚁，它产的卵可以长成工蚁、雄蚁、兵蚁和新的蚁后。

雄蚁
唯一的任务就是交配，交配之后就死亡。

工蚁
工蚁的任务是收集食物、清洁巢穴、保护蚁巢。

触角
感知气味，传递信息。

复眼
只能看到几厘米远，是个近视眼。

美西光胸臭蚁
（*Liometopum occidentale*）

足
尽管足里面的肌肉很少，但却十分强壮。

上颚
是攻击和自卫的武器。

足
又细又灵活。

喂养

蚂蚁不能直接吃固体食物，它们把食物与唾液混合成糊状，用来喂养整个蚁群。

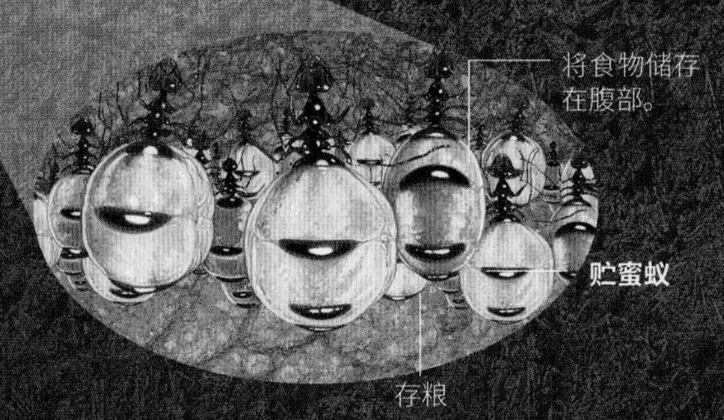

自卫

蚂蚁最常用的自卫方式是噬咬和喷射蚁酸。在蚁巢中，与工蚁相比上颚大得多的兵蚁专门负责驱赶敌人。

上颚

上颚是蚂蚁最重要的防身武器，狠狠一咬，可以有效地伤害或吓跑对手。除此以外，上颚还能用来捕猎和喂食。

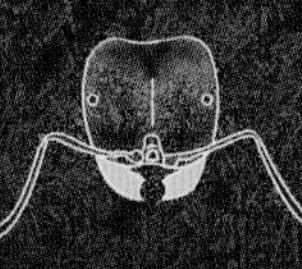
美国农夫蚁

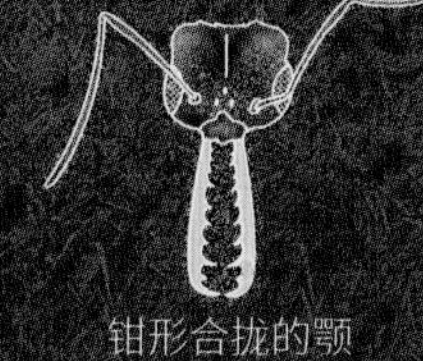
钳形合拢的颚

毒液

蚂蚁也可能有毒。它们毒液的主要成分是蚁酸，能杀死猎物或致其瘫痪。蚁酸产自下腹部的特殊腺体。

红褐林蚁
（*Formica rufa*）

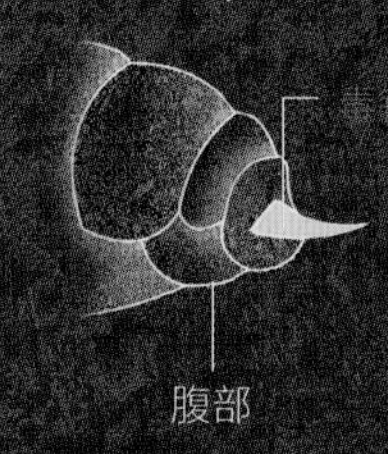

大齿猛蚁
（*Odontomachus bauri*）

交换食物

蚂蚁有两个胃，可以相互交换食物。乞食蚂蚁用前足碰触给食蚂蚁的唇，给食蚂蚁就会把肚子里的食物吐给它。

胃
个体食袋

嗉囊
社会性食袋

一切为了生存

进化可以让生物的身体发生奇特的变化，这一点在昆虫身上尤为明显。有的昆虫伪装成树枝或树叶来隐藏自己，以便猎食或躲避天敌的视线；还有些昆虫进化出了奇异的形状和炫目的颜色，以此欺骗天敌，使自己免遭侵害。一个是隐藏自己，一个是显示自己，两种方法虽然相反，但都是在数百万年中演化而成的生存妙计。

钩粉蝶
（*Gonepteryx* sp.）
它们的翅的形状像一片嫩叶。

孔雀蛱蝶
（*Inachis io*）
华丽的警戒色使天敌不敢靠近。

翅
钩粉蝶的翅，无论从颜色、形状还是结构上，都和叶片非常相像。

眼斑
鳞片组成的这个图案就像一双眼睛。

防卫

昆虫最爱模仿的对象是蚂蚁、蜜蜂和胡蜂，因为它们都能生成致命的有毒物质。

警告标志

昆虫拟态的一种方法是把自己模拟成危险或难吃的动物。可食的昆虫模拟不可食的昆虫的拟态叫作贝氏拟态，不可食昆虫模拟其他不可食昆虫的拟态称为缪氏拟态。

猫头鹰蝶（*Caligo* sp.）
猫头鹰蝶可以使用两种不同的拟态。平时，它用暗淡的前翅盖住后翅，看起来好像一片枯叶，很难被天敌发现。而一旦天敌发现了它，它就把前翅展开，露出后翅上的大眼斑，使整个身体看起来就像一只猫头鹰的脸。这副模样完全可以把天敌吓跑。

伪装

这些昆虫没有防御武器，唯一的自卫方式就是让天敌看不到自己。

幽灵竹节虫

（*Extatosoma* sp.）

这种像树枝一样的昆虫，平时会不断地摇晃身体，看起来就像一根在风中摇摆的树枝。

身体
腹部是枝干形的。

足
就像长着枯叶的树枝。

翅脉
钩粉蝶的翅脉和叶片的叶脉惊人地相似。

小提琴螳螂

（*Blepharopsis mendica*）

这种螳螂穿了一身“迷彩服”，不知情的昆虫走到它身边时，就会被它的前足逮住。

复眼
随时监测周围的环境。

前足
移动得十分缓慢，以至于猎物都察觉不到它的靠近。

仿真大师

昆虫在伪装和运用保护色方面有着惊人的技巧，它们是昆虫适应性生存的一种现象。捕食者和被捕食者都会使用伪装术。昆虫可以把身体伪装成各种各样的东西，比如树皮、树叶和树枝，这些技术可以让它们轻松地“消失”在背景里。

我帮你，你帮我

物种之间的相互关系既能产生消极结果，也能产生积极结果。其中一种积极的关系叫作共生，在这种关系中双方都能得到好处。例如，蚂蚁和蚜虫（或木虱）建立了良性互动：蚂蚁保护和照管植物上的蚜虫领地，作为回报，蚜虫分泌出的含糖物质供蚂蚁食用。

收存储藏

蚜虫的卵和若虫要防天敌，例如食蚜蝇。而蚂蚁会用其颚叼住蚜虫的卵和若虫，把它们送进蚁巢，使它们免遭侵害。

蜜露的来源

蚜虫一般在植物上过群居生活，它们聚集在叶片的背面，把口器插进叶脉里。叶脉会把糖分从叶片运送到植物体的其他地方，蚜虫就把这股“糖流”作为自己的食物来源。

蚜虫

通过口针从叶脉里吸收营养。

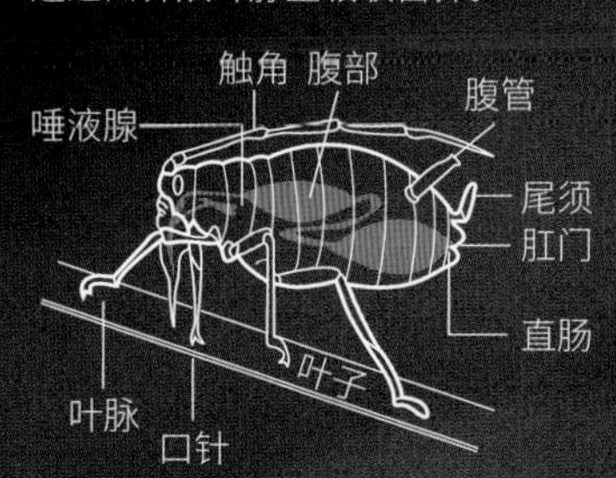

合作伙伴

蜜露是蚂蚁和蚜虫合作的关键。

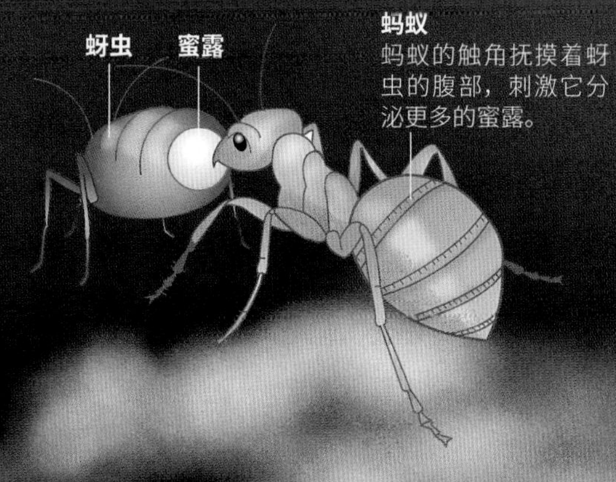

蚂蚁
蚂蚁的触角抚摸着蚜虫的腹部，刺激它分泌更多的蜜露。

蚂蚁每年从一群蚜虫身上收获的蜜露总量为

1 000千克。

黑毛蚁
(*Lasius niger*)
体长3~5毫米，胸部和腹部第一节愈合在一起了。

甜菜蚜
(*Aphis fabae*)
体长1.5~3毫米，触角很短。

蜜露
是一种高浓度的单糖分泌物。

与人类的关系

养蜂业的历史十分悠久。起初，人们只是把蜂窝摘下来吃里面的蜂蜜，或者把蜂蜜加上水发酵成酒精饮料。如今，蜂产品已经十分完善，如花粉、蜂王浆、蜂胶等衍生产品，都可以从蜂

蜂箱

活动式的框架可以让养蜂人把一部分蜜蜂移出蜂箱，以此来建立一个新的蜂群。

巢中提取出来。水蛭也像蜜蜂一样有用，可以用来减轻头痛、舒缓胃部不适。在本章中，你还将了解到当某些昆虫（如蝗虫）以惊人的速度繁殖时会发生什么。●

永不寂寞的家

我们温馨的家园也可能会遭到无脊椎动物的入侵，它们当中一些是为了寻找适宜的湿度、安全的掩蔽处和美味的食物，还有一些是被人类皮肤、毛皮服装或木制天花板的气味吸引来的。一般来说，人们认为这些不速之客是有害的，并努力消灭它们，但它们中的一些确实是对人有益的。例如，一些昆虫可以控制花园中疫病的传播。采用不同的策略，有助于保持家中的“生态平衡”。●

花园中

家中的花园是一个建立了完整食物链的自然环境。一些物种会对这个环境造成毁灭性的破坏，比如植食性的蜗牛。但肉食性的物种可以把这类有害物种控制在一定数量内。蚯蚓和一些甲虫，由于它们的食性而扮演了环境清洁工的角色。

瘟疫和疾病

当雌蚊（如携带疟疾病毒的按蚊）和其他雌性吸血昆虫吸食人血的时候，它们就成了疾病的载体，因为它们可以将微小的寄生虫带入人体。因此，花园中应该避免出现容易滋生蚊子幼虫的死水塘。

苍蝇至少携带
65种
传染性疾病。

“魔”毯

保持家中地毯的清洁是至关重要的，因为在地毯中生活的虫子很少是对人类有益的。

跳蚤
栉首蚤属
（*Ctenocephalides* sp.）

蟑螂

蜈蚣

一个有 60 000 只白蚁的蚁群每天可以吃掉
55克木材。

长蠹
电缆长蠹
（*Xylopsocus* sp.）
成虫在木材表面产卵，孵化后幼虫钻进木材，能在木材中咬出直径0.6厘米的通道。

独居性蜜蜂
独居性蜜蜂把它们的巢（蜂房）建在屋檐下。

白蚁
象白蚁
（*Nasutitermes* sp.）
白蚁生活在它们赖以为食的木材里。

屋顶里

对一些昆虫来说，屋顶横梁的木材和它们之间的空间形成了一个独特的室内环境，特别是对膜翅目昆虫来说。几种甲虫也取食木头，并在里面产卵。

控制疫病

很多植物对控制疫病非常有效，且非常具有针对性，有些物种可以独立发挥作用，有一些则需要和其他植物共同发挥作用。

薰衣草
狭叶薰衣草
（*Lavandula angustifolia*）
可用于驱蚊。

锥蝽
（*Triatomine*）

蜘蛛
它们的存在表明房间里有许多昆虫。

夜间

房屋中的一些“居民”厌光喜阴，这样它们就不容易被人类或天敌发现。

东方蜚蠊
（*Blatta orientalis*）

尘埃里的生活

尘螨是一类微小的蛛形纲动物，在灰尘微粒中觅食，最小的尘螨幼虫只有100微米长。蜱和螨是近亲，但比螨大，约1厘米长。它们全身布满了沟槽，可以吸收周围的湿气，其寿命为3~4个月。它们几乎可以适应所有的环境，比如海洋、淡水和陆地。

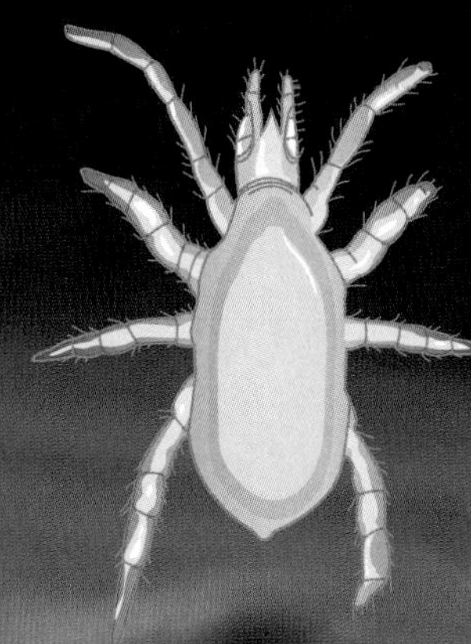

尘螨

每条腿由6节组成。尘螨不能飞行，由空气负载其飘浮。

微小，但无处不在

尘螨是古老的生物种类，种类繁多且数量庞大。尘螨是节肢动物，属于蛛形纲，形态各异，这种形态的多样性体现在它们足部毛发的式样及排列方式上。尘螨的身体有的细长，有的矮胖；身体形状更多样，有椭圆形的、圆形的、锥形的或菱形的。因种类不同它们的颜色也各异，有绿色的、红色的、紫色的、橘红色的，甚至还有透明的。这些昆虫遍布世界的每个角落，它们能够适应各种环境，能在地面上、植物中、储存物中、水中以及动物的皮肤上生活。

液体食物

当尘螨遇到那些可能变成它们食物的东西时，它们就会分泌出消化液将固体物质软化并变成液体，这是因为它们的口器和消化系统只适应液体食物。

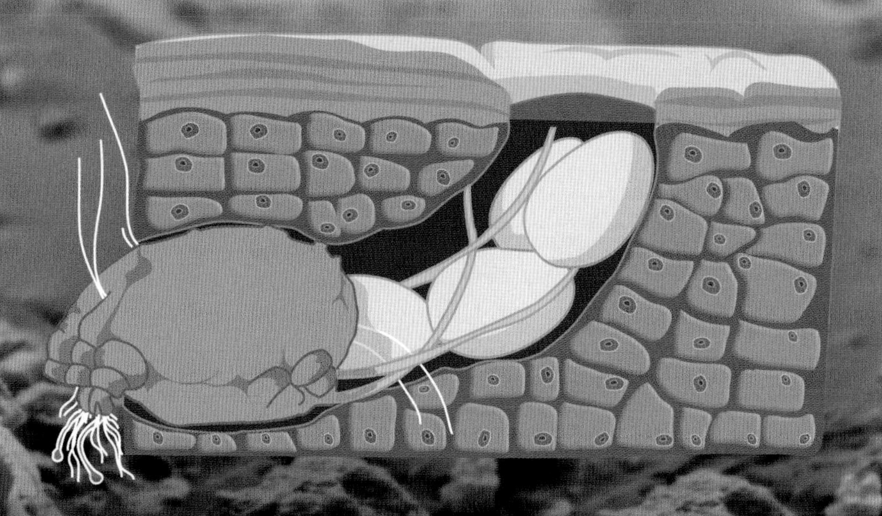

口器

螨的口器位于身体的前凸部位，小头（颚体）由口器周围的附肢组成。两侧都长有一个螯肢，用来撕扯、碾碎食物。

1 疥螨

疥螨是一种微小的螨，生活在表皮角质层的下面，雌疥螨在皮肤里钻洞并将卵产在里面，大约需要10~14天虫卵发育成成虫。生有这些螨的皮肤部位会产生刺痒感，这种感觉十分难受，而且在晚上会变得更加严重。特定的霜剂或药膏可以治疗这种感染，如果感染部位出现疖肿，则需要使用抗生素进行治疗。

2 蜱

蜱的身体为一个整体，它们以寄主的血液为食。通常在较高的杂草或植物叶片上能够发现蜱，它们潜伏在那里等待着路过的动物或人。一旦爬到动物或人的身上，蜱就会用它们口器的钩状结构刺入皮肤，然后开始吸食血液，喝饱吃足后，它们就会离开寄主。

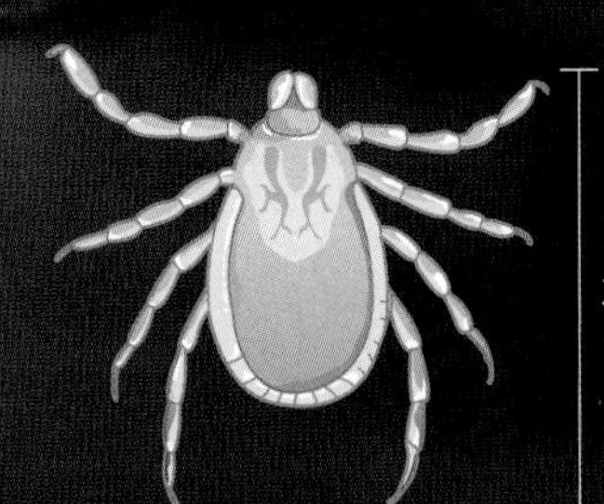

毛发
长在螨的足上，实际上是它们的感觉器官。

湿度

很多人不知道，螨的存在同环境的湿度有着密切的联系。这些微小的生物可能会严重影响我们的健康，它们能够造成很多呼吸道疾病，包括哮喘等。因为尘螨需要在潮湿的环境中生存，所以每个房间都应该保持良好的通风条件。

3 尘螨

尘螨是如此的微小，1 颗灰尘里就可以生活 5 000 只。它们的特点是身躯肥大、具有 8 条短小的前足以及较短的感觉毛。它们口部周围长有附肢，可以用来撕碎食物，口部两边长有钳状物，用来抓住物体。它们的身体几乎就是单一的形状，各部位没有明显区别。尽管尘螨不叮咬人类，但是它们的卵及粪便会使过敏人群出现严重病症。

表皮
尽管坚固却弹性十足，但必须保持表面潮湿。

飞翔的垃圾

尘螨的排泄物很容易被空气带到各处，和灰尘混在一起。通过这种方式，它们会被带到很远的地方，成为最常见的变应原。

理想天堂

室内灰尘是由很多微小的悬浮颗粒组成的。各个房间里的灰尘成分有很大不同，这主要是由房屋的建筑材料及室内存在的动物决定的。灰尘颗粒中可能含有纤维性物质、皮屑、动物毛发、细菌、真菌及其他自然或人造物质。螨可以生活在这些颗粒上，因为它们以这些物质为食。

养 蜂

为了获得蜂蜜，人类自古以来就有养蜂的传统。从养蜂业产生以后，人类就能随心所欲地收集蜂蜜了。在中世纪甘蔗普及之前，蜂蜜是欧洲和亚洲使用最广泛的甜味剂。随着新技术的引进，现代养蜂还能收获花粉、蜂胶、蜂王浆等其他蜂产品。这里向你展示的是蜂巢基本组成部分的一些细节。●

大自然的礼物

蜂蜜是蜜蜂酿造给自己吃的食物，由花蜜和花粉制作而成。蜜蜂把花粉放进蜂巢里作为蛋白质的来源，它们还能制造蜂胶，用于修补蜂房。养蜂业就是用这些大自然的礼物来造福人类的。

1 蜜蜂的工作

工蜂是蜂巢中真正的工人，它们刚一羽化就开始工作了。工蜂负责建造并维护巢室、喂养幼虫和蜂后、清洁保护蜂巢。在蜂巢外，工蜂还负责收集花粉和花蜜。

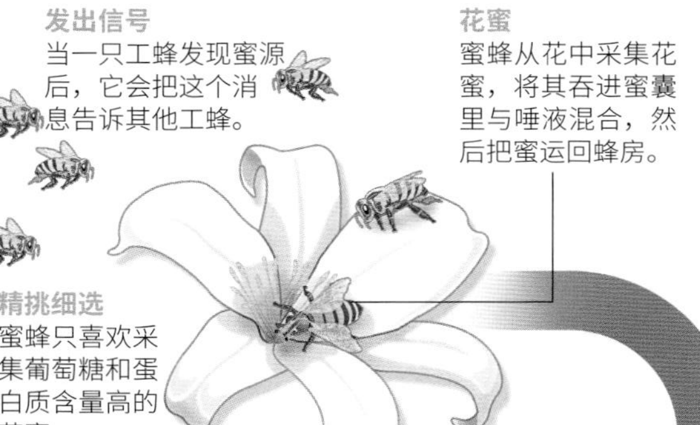

朗氏人工蜂箱

有可以拆卸的巢框和底板，能在取蜜的时候不伤害蜂群。它是美国人郎斯特罗什在1851年发明的。

花蜜：蜂蜜的前身

花蜜藏在花冠基部，其中 80% 是水。蜂蜜的味道在一定程度上取决于花蜜的芳香烃。养蜂人可以通过改变蜂巢的位置来选择主要的蜜源花。

30 000只

这是一个普通的蜂巢中居住的蜜蜂数量。一般情况下，蜂巢的成员数量很稳定。

工蜂

工蜂可以钻过这块板，但蜂后因体型大而无法通过。采用这种方式，虽然蜂蜜储存在整个蜂箱里，但卵和幼虫却被隔离在蜂箱的下层。

蜂后一边沿螺旋形路线移动，一边产卵。

关闭的巢室里有幼虫

育幼框
是蜂巢中用来繁殖的部分，蜂王把卵产在这里。

蜂王

育幼室
这个结构一般设在蜂巢的底部，每个巢室里都有幼虫。

箱架
位于蜂巢的基部。

开口
在蜂箱底部，位于底板和第一层继箱之间，是工蜂出入的大门。

底板
与地面保持一定高度，防止蚂蚁或青蛙的侵害。

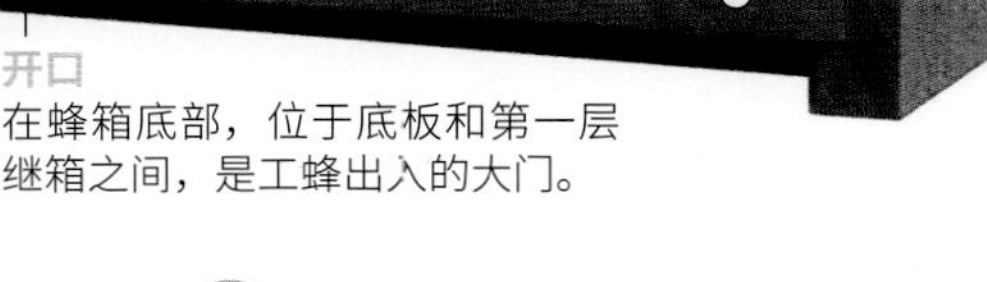

2 采集蜂蜜

养蜂人选定某一蜂架，将其从蜂箱中移出，养蜂人用手取出活动蜂框。为了处理这些蜂框，养蜂人穿着特殊的衣服并使用其他设备，以防被蜜蜂叮咬。使用离心机将可拆换的蜂框上的蜂蜜取出，然后再将蜂框安回到蜂箱上。

3 喷烟雾

通过喷雾器喷射的烟雾可以使蜜蜂晕头转向，防止它们乱飞蜇人。

4 取出巢框

朗氏蜂箱可以移动的巢框能在取蜜的同时不伤害幼蜂，而且可以重复使用。在朗氏蜂箱发明之前，巢框都是固定的、不能移动的。

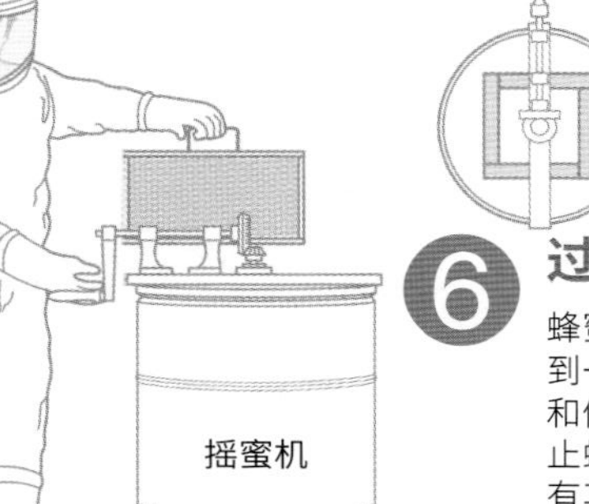

5 放进摇蜜机

摇蜜机是一个能旋转的桶，当蜂蜜被摇蜜机加热到溶化时就会从巢框里甩出来，且同蜡分离。

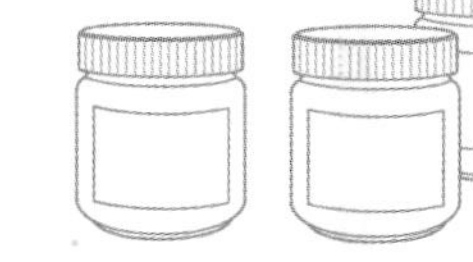

6 过滤和装瓶

蜂蜜要在钢罐内储存一个星期到一个月，让杂质沉淀。装瓶和储存需要干燥的环境，以防止蜂蜜受潮，同时该环境要没有其他异味，否则可能会影响蜂蜜质量。

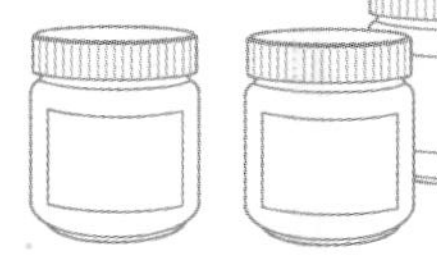

一群饿鬼

在特定的环境条件下，蝗虫会迅速繁殖成为灾害。蝗灾会对农业产生巨大威胁，并造成重大经济损失，引发饥荒。在非洲、中东和印度等地，蝗灾严重破坏了植被，并造成了巨大的作物损失。人们运用化学、物理和生物的方法防治蝗虫，减少了蝗灾的有害影响。●

100吨

这是一个中等大小的蝗群（5 000 万只）一天内能够吃掉的植物量。

1931年

这一年北非的一场蝗灾毁灭了当地所有庄稼，造成近 10 万人死亡。

蝗灾

在非洲，造成蝗灾的蝗虫主要是沙漠蝗，它们属于直翅目，蝗总科，身体修长，体长为 6~8 厘米，可以随着环境的变化而改变自己的外貌和行为。沙漠蝗除了爱吃大部分农作物以外，也吃野生作物和几种树木。

蝗灾是怎么发生的？

当降雨给它们的繁殖创造了合适的条件时，生活在沙漠或半干旱地区的蝗虫就以惊人的速度繁殖起来。散居的蝗虫是无害的，但当降雨为它们提供了大量新鲜的植物时，它们就聚集在一起，开始大规模地繁殖。这时蝗虫从散居变成了群居，不仅行为发生了变化，连外形也变了。每只雌虫能产 120 粒卵，这可以让 1 公顷的土地上滋生出 6 亿只蝗虫，它们会聚集成几千米长的大蝗群，四处寻找食物。

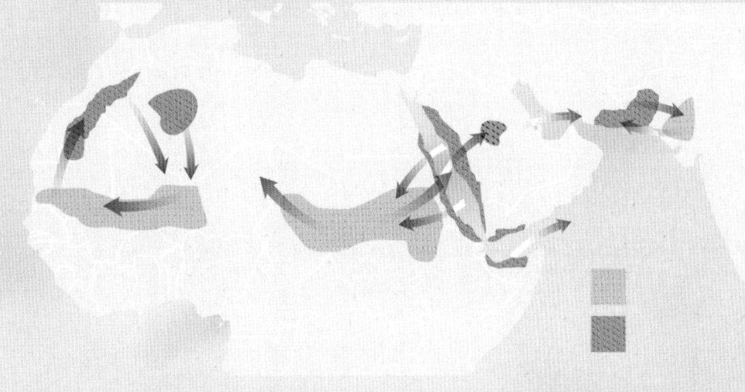

夏季繁殖区和迁徙路线

夏季，蝗虫能在短时间内繁殖出数百万只，并吃掉沿途遇到的一切食物。图中显示了两个主要的夏季繁殖区。

冬春季繁殖区和迁徙路线

蝗群为了食物和繁衍，会不断地迁移。在冬春季节，蝗群追溯它们来时的路线，循环往复地迁移。

害虫防治

受蝗灾之苦的国家用化学或生物方法在地面和空中防治蝗虫。但是农药的使用会受到限制，只允许在蝗群开始形成时使用，因为农药如果使用不当可能会影响其他昆虫和庄稼。人们控制蝗虫的方法主要是施用毒饵和翻耕虫卵。

蝗虫在古代

蝗虫的破坏性影响可以追溯到几千年前。当时，蝗虫被认为是上帝降给埃及的十灾之一。

做好事的吸血鬼

人们使用蛭来治病已经有数千年的历史了。据记载，蛭曾被用来辅助治疗头痛、胃痛、眼科疾病、精神疾病及其他疾病。随着药物的广泛使用，蛭的药用功能逐渐被遗忘。然而，到 20 世纪 80 年代，蛭再一次在显微外科手术和重建外科手术上发挥了作用。●

齿

水蛭用它颚片上的 300 枚齿切割寄主的皮肤，用强大的咽部和口部吸盘吸食血液。它们齿间腺体分泌的蛭素可以防止血液凝结。

口

十日谈

这是薄伽丘的《十日谈》中的一幅插图，它描述的是用水蛭治病的场景。图中的病人是罗马皇帝加莱里乌斯，他的病使他的身体溃烂。被这严重病情吓坏的医生们用水蛭来治疗他的疾病。

吸血中的口

水蛭的口一贴到寄主身上，就开始吸血。每小时可以吸 0.9 毫升的血。

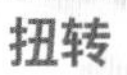

扭转

水蛭的环状分节躯体让它们可以灵活地变换姿势。

古人的用法

蛭在医学上的使用可以追溯到 3 000 年前。在希腊、罗马和叙利亚，蛭被用来吸取身体各部位的血液。当时人们认为，放血疗法可以包治百病，不管是局部疼痛还是精神疾病都能治。在 18—19 世纪，欧洲药房里出售水蛭，水蛭疗法当时非常流行，尤其是在法国。

弗朗索瓦 -J.-V. 布鲁赛 (1772—1838)

这位法国医生相信，大多数疾病是由肠道炎症引起的，他首选水蛭作为治疗方法。当时的人们十分赞同他的看法，以至于仅在 1833 年，他就进口了 4 000 万条水蛭到法国。

水蛭的类型

蛭之间的区别在于它们的食性。其中一类蛭的咽部无齿，不能外翻；另一类蛭的咽部无齿，但能像象鼻子一样从口内翻出来，插入寄主的软组织里；第三类蛭高度特化，咽部不能外翻，但长有 3 个锯齿状的几丁质颚片。

1 **水蛭**

地球上共有 600 多种蛭，它们通常有 33 节体节，也有 15 节或 30 节的。水蛭主要生活在淡水环境中，也有少数生活在咸水里，还有的已经适应了陆地环境，生活在温暖、潮湿的地方。

2 **欧洲的医用水蛭**

这种水蛭在医学上用来治疗和修复整形手术的静脉阻塞。水蛭的叮咬会导致组织移植位置不断出血，这样就制造出模拟的血液循环，防止组织坏死。

救命的唾液

水蛭叮咬寄主时口中的腺体流出的唾液混合着其他物质，人们在这些物质中发现了抗凝血成分、血管扩张剂，这些成分可以提取出来制成药物，用于临床治疗。研究人员还试图通过生物工程技术合成人造的水蛭唾液。

防止血块产生

在吸血时，水蛭会分泌抗凝血剂，使血液消化之前在肚子里不凝固。水蛭的唾液腺会分泌水蛭素，这是一种特殊的凝血酶抑制剂。

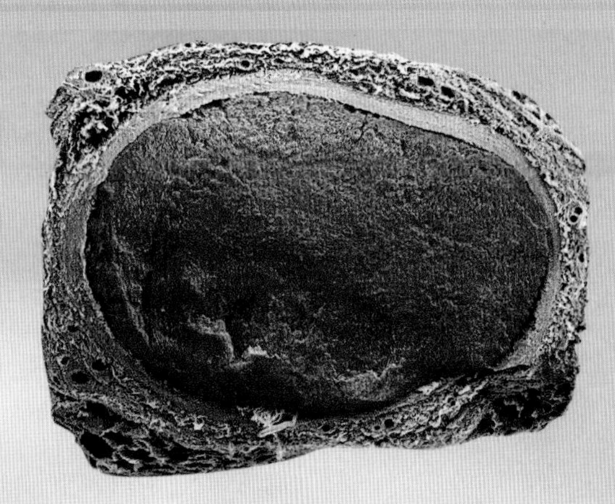

1 条水蛭可以吸入相当于它自身

10倍

重的血液。

水蛭如何行走

水蛭两头都有吸盘，能吸附在物体表面。向前移动时，其中一端吸在物体表面上，另一端起伏着向该端靠拢。

1 水蛭头部前伸吸在物体表面上，然后尾部前移。

2 当尾部来到头部的位置时，它就把尾部吸盘吸在物体表面上，然后再次重复整个移动过程。

5万多条

养殖场

英国威尔士的一个医用水蛭养殖场里养了 5 万多条水蛭，可以供应 30 多个国家的医院和实验室。

弹性的身体

水蛭分节的躯体可以让它在必要的时候起伏地移动，比如行走的时候。它在等待寄主出现时还能摆出一个特别的姿势：整个身体竖直挺起，只用身体末端“站”在地上。

吸盘

水蛭有两个吸盘，一个在尾部，另一个在前端，那里也是口和颚片的所在。

术 语

安全丝
蜘蛛腹部末端的一根丝线，在其突然坠落时会将其拉住。

变态
从卵发育到成虫的过程中，昆虫所经过的一系列内部构造和外部形态的阶段性变化。

表皮
动物躯体的外层包被物，也存在于外胚层的内陷构造上，如口道、肛道、气管上。

捕食者
以其他活体动物为食的动物。

步带沟
海星类棘皮动物口面上沿着腕伸展的一条敞开的沟。

触角
许多节肢动物位于头部的一对感觉附肢。

触须
动物身上粗短的突起，用于感触，如藤壶的触须、昆虫嘴部的感觉器官。

雌雄同体
在一个动物体中，雌、雄性状都明显的现象。雌雄同体有两种情况，一种是同时具备精巢和卵巢，另一种是具有两性腺体。与间性和雌雄镶嵌等假雌雄同体现象是有区别的。

单眼
由单一晶体和视网膜组成的视觉器官，位于头顶中央或两侧，单个或成小群。

动物学
揭示动物生存和发展规律的生物学分支学科，研究动物的种类组成、形态结构、生活习性、繁殖、发育与遗传、分类、分布移动和历史发展以及其他有关的生命活动的特征和规律。

毒液
有毒动物在叮咬或刺蛰时排出的有毒物质，由其体内高度进化的细胞群或分泌腺产生。

分类学
关于生物分类、鉴定、命名的原理和方法的学科。

浮浪幼虫
海洋刺胞动物受精卵经卵裂、囊胚形成的实心原肠胚，其表面有纤毛，能在水中自由游泳。

浮游生物
浮游于水层中，没有或仅有微弱游泳能力而随波逐流的水生生物。

辐射对称
与身体主轴成直角且互为等角的几个轴（辐射轴）均相等，如果通过辐射轴把包含主轴的身体切开，则可以把身体分成完全一样的两个部分，例如海星。

复眼
由很多小眼集合组成的视觉器官，位于头部两侧。

腹部
节肢动物体躯的后部体段，由构成相类似的体节组成，含生殖器官和部分营养通道。对昆虫和蛛形动物来说，其为身体后半截。

纲
生物的分类阶元，是科学家为给动物分类而创造的众多类别之一，介于门和目之间。

荷尔蒙
荷尔蒙就是激素，是人体内分泌系统分泌的能调节生理平衡的激素的总称。

后口动物
在胚胎发育中的原肠胚期，其原口形成动物的肛门，而在与原口相对的另一端形成一新口的动物。如棘皮动物门、脊索动物门动物。

后生动物
除了原生动物以外的动物。

化石
由于自然作用在地层中保存下来的地质时期生物的遗体、遗迹，以及生物体分解后的有机物残余（包括生物标志物、古 DNA 残片）等统称为化石。

环节动物
具有由环状体节构成的长圆柱形躯体的动物。

基质
构成一个有机体的栖息地或支持其生活的表面。

棘皮动物门
海生无脊椎动物，除部分营底栖游泳或假漂浮生活外，多数营底栖固着生活，常是某些底栖群落中的优势种。这个门的化石种类极多，除现今仍然存在的 5 个纲外，还有 15 个纲，最早的化石发现于寒武世。

几丁质
节肢动物外骨骼的组成物质，一种含氮的多糖，是由许多乙酰氨基葡萄糖形成的聚合物，为真皮细胞的分泌物，还存在于其他无脊椎动物的表面结构和某些真菌的细胞壁中。

寄生物
营寄生生活的生物的统称。它们全部或部分摄取另外一种生物——寄主（或宿主）的养分（即从寄主的活细胞及组织中摄取营养）为生，如细菌、真菌、立克次体、螺旋体、病毒和各类寄生虫等。寄生物按其寄生于宿主身体的不同部位，分为体内寄生与体外寄生两类。

寄主

两种生物在一起生活，一方受益，另一方受害，后者给前者提供营养物质和居住场所，这种生物的关系称为寄生，其中受害的一方就叫寄主，也称为宿主。

甲壳亚门

甲壳动物绝大多数是水生的，海洋种类较多。它们的身体分节，胸部有些体节与头部愈合在一起形成了头胸部，上面被覆坚硬的头胸甲；每个体节几乎都有 1 对附肢，且常保持原始的双枝形。甲壳动物有 2 对触角，多数用鳃呼吸。

假体腔

是动物体腔的一种形式，也是动物进化中最早出现的一种原始的体腔类型。它是由胚胎发育期的囊胚腔持续到成体而形成的体腔，只有体壁肌肉层，没有肠壁肌肉层。假体腔外面以中胚层的纵肌为界，里面以内胚层的消化管壁为界，充满体腔液，没有体腔膜，因而又称为原体腔或初生体腔，以线虫为代表。

茧

是完全变态昆虫蛹期的囊形保护物，通常由丝腺分泌的丝织成，如蚕和蓖麻蚕的茧。举尾虫、地老虎的茧由泥土胶合而成，金龟子的茧由分泌的黏液和土混凝而成，刺蛾的茧由分泌的钙质形成。

角质层

角质层是表皮的最外层，主要由 15~20 层没有细胞核的死亡细胞构成，当这些细胞脱落时，位于基底层的细胞会被推上来，形成新的角质层。

节肢动物门

动物界中种类最多的一个门。这个门的动物身体左右对称，由多个结构与功能不同的体节构成，一般分头、胸、腹三个部分，但有些种类的头、胸部分愈合为头胸部，也有些种类的胸部与腹部未分化。它们体表被有坚厚的几丁质外骨胳，附肢分节。节肢动物有自由生活的，也有寄生的。节肢动物门包括甲壳亚门（如虾、蟹）、三叶虫亚门（如三叶虫）、肢口纲（如鲎）、蛛形纲（如蜘蛛、蝎、蜱、螨）、多足亚门（如马陆、蜈蚣）和昆虫纲（如蝗、蝶、蚊、蝇）等。

界

在很长一段时间里，界是生物科学分类法中最高的级别。最新的基因研究发现这种分类法并不科学，因此引入域作为生物最高的类别。真核生物中分四个界：原生生物界、真菌界、植物界和动物界。

进化

生物的演化过程。生物与其生存环境相互作用，其遗传结构发生变化，并产生相应的表型。

科

生物的分类阶元，介于目和属之间。

流体静力骨骼

肌肉间的颉颃不依赖具有关节的骨骼系统，而是以体液、软组织、消化管内容物等的压力为媒介来实现的，这些压力传导系统可看作是机能上的骨骼。蠕形动物体壁或脊椎动物消化管等的纵行肌与环行肌的颉颃，就是借助于由这些肌内环绕而成的腔内压力进行的，这是典型的流体静力骨骼。流体静力骨骼，对低等无脊椎动物的运动和体形的维持以及脊椎动物内脏平滑肌的活动等，都有很重要的作用。

门

生物的分类阶元，介于界和纲之间。

目

生物的分类阶元，介于纲和科之间。

内胚层

动物胚胎三胚层中最靠内的一层，可以分化出原肠腔壁的上皮组织，如肠上皮、肺上皮等。

拟态

在外形、姿态、颜色、斑纹或行为等方面模仿其他生物或非生命体，以获得好处的现象。

排遗

动物排出废物的一种现象，即动物体通过一定的孔（如胞肛、口、肛门等）排出未消化的食物残渣的过程。

配子

有性生殖生物中，经减数分裂产生的具有受精能力的单倍体生殖细胞。

平衡囊

水栖无脊椎动物（如刺胞动物地水母，软体动物地蚌、钉螺、乌贼等，节肢动物的虾、糠虾等）具有的一种专管平衡感觉的囊状物。平衡囊有封闭和开放两种类型。封闭型平衡囊中有石细胞分泌的平衡石，囊壁有带有纤毛的感觉细胞。开放型平衡囊中的沙石是外来的，有刚毛支持。身体活动时，平衡石跟着转动，触碰感觉毛，动物便能感觉到身体在空间的位置或游泳的方向。动物蜕皮时，平衡石随蜕掉的皮丢失，此时动物可以从水中摄取小石粒补充。

气管

昆虫体内具有螺旋状丝的内壁且富有弹性的呼吸管道，是呼吸系统的主要组成部分。

气门

昆虫的气管系统在体外的开口。

器官

由多种组织构成的、能行使一定功能的结构单位。

迁徙

动物周期性地往返于相距很远的不同栖居地的行为。

趋向性
生物（或细胞）天生的行为反应，指其对一指向性刺激（由特定方向给的刺激）会有趋进（正趋向性）或远离（负趋向性）刺激源的动作。

群落
栖息于一定地域或生境中的各种生物种群，通过相互作用有机结合的集合体。

群体
动物种群不同生活阶段个体的集合，或几个生活在特定水域种群的集合。

入侵
对于一个特定的生态系统与栖息环境来说，非本地的生物（包括植物、动物和微生物）通过各种方式进入此生态系统，并对生态系统、栖境、物种、人类健康带来威胁的现象。

软体动物
属于无脊椎动物的软体动物门，拥有可以分成头、足、内脏的柔软身体。他们有外套膜笼罩全部或部分身体。

上表皮
覆盖在外表皮上面的不含几丁质的薄层，由内上表皮、外上表皮、蜡层和黏质层组成。

上颚
昆虫的第一对颚，位于上唇后方。在咀嚼式口器中，是一对坚硬、不分节的锥状构造。

上皮组织
动物的基本组织，由密集排列的上皮细胞和极少量细胞间质构成。一般联成膜片状，被覆在机体体表，或衬于机体内中空器官的腔面及体腔腔面。

社会等级
主要是指社会性昆虫个体之间的分工和形态分化，如蚂蚁群体中有蚁王、雄蚁、小工蚁、中工蚁、大工蚁和兵蚁等不同的等级，它们形态各异，各司其职。

社会昆虫
集群生活。集群中成虫的结构和功能不同，执行的职责也不同，它们有的（蜂王、蚁王）产卵，有的（工蜂、工蚁）筑巢和寻食。这类社会组织常见于等翅目的白蚁和膜翅目的蚁、蜂，它们按等级分工。

生态学
研究生物与其周围环境之间关系的科学。

生物学
研究生命现象和生物活动规律的科学。

生殖孔
射精管或输卵管的外端开口。

食腐动物
有些动物以土壤或水域中的枯枝落叶、动物遗体、粪便为食，这种动物统称为食腐动物。

适应性
一种让生物体能够在其环境中生存的机体结构、生理或行为特性。

螯肢
颚体上的第一对附肢，由基节、端节和表皮内突构成，是取食结构。

水螅体
刺胞动物的生命周期中一段静止的时期。

碳酸钙
一种无机化合物，是文石和方解石的主要成分。

特有种
仅分布在某一地区或某种特有生境中，不在其他区域自然存在的物种。

体腔
动物身体内各内脏器官周围的空隙叫体腔，分为真体腔和假体腔两类。真体腔存在于环节动物、软体动物、脊索动物等较高级的动物门中；假体腔是中胚层与内胚层所围成的空腔，较低等，存在于线虫动物、线形动物等门中。

体区分段
一组由连续体节形成、体现不同功能特征的明显躯段。

同种异型
一种动物存在两种形态。

头胸部
胸部与头部愈合成一节，称为头胸部。

头足纲
一类特殊的海洋软体动物。它们的头部长有触手或足。这些附属物上长有吸盘，用来捕捉猎物和交配。

蜕皮
除去一个生物体的外壳的全部或部分，在节肢动物中，外骨骼周期性地蜕掉，使它们长大。

外骨骼
主要由几丁质组成的骨化的身体外壳，肌肉着生于其内壁。

外套膜
展附于软体动物体表，覆盖内脏团的膜状物。

腕足类
属于原口动物，真体腔类，如酸浆贝、海豆芽等。身体的背腹各有 1 枚贝壳，腹壳比背壳稍大一些，呈深凹形。有时它们直接用腹壳附着在其他物体上，有时则用从背腹壳之间伸出的肉质柄附着在岩石或其他动物体上，或者插入泥中。

微生物
包括细菌、病毒、真菌以及一些小型的原生动物、显微藻类等一大类生物群体，它们个体微小，与人类生活关系密切，涵盖了有益和有害的众多种类。

伪足
以变形虫为代表的原生动物暂时性伸出的片状或条形突起，用于运动和摄食。

无脊椎动物
背侧没有脊柱的动物，是动物的原始形式。分布在世界各地，其种类占动物总种类的95%，现存100多万种。包括棘皮动物、软体动物、刺胞动物、节肢动物、海绵动物、线形动物等。

无性生殖
不经过两性生殖细胞结合，由母体直接产生新个体的生殖方式。

细胞分裂
一个细胞分裂为两个细胞的过程。

向地性
植物的某些部分会向着地心吸力的方向生长。

消化循环腔
具有消化的功能，可以进行细胞外消化，又兼有循环的作用，能将消化后的营养物质运输到身体的各部分。

小眼
组成复眼的视觉器官单位。

性二型
在雌雄异体的有性生物中，反映身体结构和功能特征的某些变量，在两性之间常出现固有的、明显的差别，人们能够以此为根据判断一个个体的性别，这种现象被称为性二型。

胸
昆虫体躯的第二体段或中间体段，是其运动中心，由前胸、中胸及后胸三节组成，具有足和翅。

血腔
一个组织内充满血液的空腔，是无完整循环系统动物的特征。如软体动物、节肢动物。

盐度
体内盐分的浓度。

厌氧生物
指一类不需要氧气就能生长的生物。

营养物
机体从外界摄取的维持生命的营养物质，包括蛋白质、纤维以及抗生素。

有机体
泛指一切有生命的、能实现全部生命活动的生物个体，包括病毒、原核生物、真核原生生物、植物和动物等。

有性生殖
经受精作用进行的生殖。

幼虫
完全变态昆虫的卵孵化后的虫态，是形态发育的早期阶段，与成虫形状完全不同。

杂食性动物
这些动物食物的种类较多，既吃植物，也吃动物。

真皮
昆虫的体壁源于外胚层的细胞层，位于表皮之下，由它分泌形成表皮。

蜘蛛学专家
研究蛛形纲的科学家。

中胚层
动物胚胎原肠末期处在外胚层和内胚层之间的细胞层，将发育成真皮、肌肉、骨骼及结缔组织、血液等。

种
生物中具有统一的构造和适应幅度，占有一定地理分布的群体，能自相繁殖而对其他群体呈现生殖隔离，代表着生物类群发展的一定阶段。生物分类中的阶元，包括亚种、变种和种。

种群
在一定空间内生活，相互影响、彼此能交配繁殖的同种个体的集合。

蛛形纲
一种具有8条腿的节肢动物。

组织
机体中构成器官的单位，是由形态和功能相同的细胞按一定的方式结合而成的。

左右对称
又称为“两侧对称”，通过主轴只能构成一个对称面，将生物体分成对称的两部分。左右对称是生物中较高级的体型，是扁形动物及更高级的动物所具有的，它能加强动物的生理机能，使其适应水底的爬行生活。

Photo Credits：Age Fotostock, Getty Images, Science Photo Library, Graphic News, ESA, NASA, National Geographic, Latinstock, Album, ACI, Cordon Press
Illustrators：Guido Arroyo, Pablo Aschei, Gustavo J. Caironi, Hernán Cañellas, Leonardo César, José Luis Corsetti, Vanina Farías, Manrique Fernández Buente, Joana Garrido, Celina Hilbert, Jorge Ivanovich, Isidro López, Diego Martín, Jorge Martínez, Marco Menco, Marcelo Morán, Ala de Mosca, Diego Mourelos, Eduardo Pérez, Javier Pérez, Ariel Piroyansky, Fernando Ramallo, Ariel Roldán, Marcel Socías, Néstor Taylor, Trebol Animation, Juan Venegas, Constanza Vicco, Coralia Vignau, Gustavo Yamin, 3DN, 3DOM studio.

江苏省版权局著作权合同登记 10-2021-101 号

图书在版编目（CIP）数据

无脊椎动物 / 西班牙 Sol90 公司编著 ; 张辰亮译
. — 南京 : 江苏凤凰科学技术出版社 , 2022.10（2023.5 重印）
（国家地理图解万物大百科）
ISBN 978-7-5713-2945-7

Ⅰ . ①无… Ⅱ . ①西… ②张… Ⅲ . ①无脊椎动物门
—普及读物 Ⅳ . ① Q959.1-49

中国版本图书馆 CIP 数据核字 (2022) 第 090928 号

国家地理图解万物大百科　无脊椎动物

编　　著	西班牙 Sol90 公司
译　　者	张辰亮
责任编辑	张　程
责任校对	仲　敏
责任监制	刘文洋
出版发行	江苏凤凰科学技术出版社
出版社地址	南京市湖南路 1 号 A 楼，邮编：210009
出版社网址	http://www.pspress.cn
印　　刷	惠州市金宣发智能包装科技有限公司
开　　本	889mm × 1 194mm　1/16
印　　张	6
字　　数	200 000
版　　次	2022 年 10 月第 1 版
印　　次	2023 年 5 月第 2 次印刷
标准书号	ISBN 978-7-5713-2945-7
定　　价	40.00 元

图书如有印装质量问题，可随时向我社印务部调换。